2009年度河北省社会科学发展研究课题
（课题编号：200903002）

风险社会下我国食品安全监管及刑法规制

张亚军 著

中国人民公安大学出版社
·北 京·

图书在版编目（CIP）数据

风险社会下我国食品安全监管及刑法规制/张亚军著．—北京：中国人民公安大学出版社，2012.5

ISBN 978－7－5653－0842－0

Ⅰ．①风…　Ⅱ．①张…　Ⅲ．①食品安全—安全管理—研究—中国②食品安全—刑法—研究—中国　Ⅳ．①TS201.6②D924.399

中国版本图书馆 CIP 数据核字（2012）第 080529 号

风险社会下我国食品安全监管及刑法规制

张亚军　著

出版发行：中国人民公安大学出版社
地　　址：北京市西城区木樨地南里
邮政编码：100038
经　　销：新华书店
印　　刷：北京蓝空印刷厂

版　　次：2012 年 5 月第 1 版
印　　次：2012 年 5 月第 1 次
印　　张：7.75
开　　本：880 毫米×1230 毫米　1/32
字　　数：209 千字

书　　号：ISBN 978－7－5653－0842－0
定　　价：26.00 元

网　　址：www.cppsup.com.cn　www.porclub.com.cn
电子邮箱：zbs@cppsup.com　zbs@cppsu.edu.cn

营销中心电话：010－83903254
读者服务部电话（门市）：010－83903257
警官读者俱乐部电话（网购、邮购）：010－83903253
法律图书分社电话：010－83905745

目 录

引 言

现代社会“由于科学技术的迅速发展而推进生活的合理化、高度化。与此相适应，生活范围扩大了，并且由于经济的发展，生活水平提高了。由此构筑了今日的高度技术社会……在现代科学技术有用性的背后，伴随着的危险也是事实。第二次世界大战后，科学技术与经济活动迅速发达，其产物大量普及的结果是，技术本身也有危险的发生，由此导致丧失环境调和的事态发生。”①

食品安全问题关乎消费者的切身利益，决定了消费者日趋自觉地将食品安全问题作为指导消费方式的原则以及选取、采购食品的首要取舍标准。食品安全性作为食品质量的重要组成部分，对食品的生产者、经营者、社会管理部门及政府决策部门提出了日益紧迫的课题，即如何从当前及长远的角度把确保食品安全问题落到实处。

历史经验表明，食品安全问题发展到今天，已远远超出传统的食品卫生或食品污染的范围，而成为人类赖以生存和健康发展的整个食物链的管理与保护问题。在如今人们将现代社会归结为“风险社会”的视野下，如何遵循自然界和人类社会发展的客观规律，把食品的生产、经营、消费建立在可持续发展的科学技术基础上，组织和管理好一个安全、健康的人类食物链，这不仅需要有远见的科学研究、政府支持、法律法规建设，而且必须有消费者的主动参与和顺应市场规律的企业经营策略，而食品安全问题的法律规制对消费者来说更是一个重大的问题。我国食品安全法的出台虽然对食

① ［韩］金尚均著：《危险社会与刑法》，成文堂2001年版，第1页。

品安全进行了风险监测与评估，在食品安全标准、食品生产经营、食品监督管理以及食品法律责任等方面作出了详细规定，但是我国食品安全的法律规制与外国食品安全法律体系之间还存在很大的差异，同时随着我国《刑法修正案（八）》的出台，食品安全问题将更加受到重视。

第一章　风险社会下食品安全及监管机制概述

第一节　风险社会下全球食品安全形势

一、风险社会之提出

工业革命与现代科技为人类提供了传统社会无法想象的物质便利，也创造出了众多的新生危险源，导致技术风险的日益扩散。现代社会越来越多地面临各种人为风险，从电子病毒、核辐射到交通事故，从转基因食品、环境污染到犯罪率攀升等。工业社会由其自身系统制造的危险而身不由己地突变为风险社会。① 除技术风险外，政治社会风险与经济风险等制度风险也是风险结构的组成部分，而用来应对风险的治理手段，本身就是滋生新型风险的罪魁祸首，这些都是由现代治理机制的抽象性特征所决定的。

基于此，德国社会学家乌尔里希·贝克提出风险社会的概念来理解现代社会的核心特征。他以反思现代化为视角，按照风险分配、个体化法则、科学和政治的衰微这样的思路展开其风险社会的理论。“现代性正从古典工业社会的轮廓中脱颖而出，正在形成一种崭新的形式——（工业的）‘风险社会’。这种情形需要对存在于现代性内部的连续性与断裂之间的矛盾作出一种细致的权衡，此

---

① ［德］乌尔里希·贝克著：《世界风险社会》，吴英姿等译，南京大学出版社2004年版，第102页。

种矛盾也反映在现代性和工业社会之间、工业社会和风险社会之间的对抗状态中。”①

按照风险社会的基本思想，人类面临着威胁其生存的由社会所制造的风险，随着全球化趋势的增强，未来的不确定性与全球化趋势结合在一起，社会的中心将是现代化所带来的风险与后果。“首先，连续性和非连续性的相互掺杂将用财富生产和风险生产的例子来加以探讨。其中的论点是，在古典工业社会中，财富生产的‘逻辑’统治着风险生产的‘逻辑’，而在风险社会中，这种关系就颠倒了过来。在对现代化进程的反思之中，生产力丧失了其清白无辜。从技术——经济‘进步’的力量中增加的财富，日益为风险生产的阴影所笼罩。在早期阶段，这些还能被合法化为‘潜在的副作用’。当它们日益全球化，并成为公众批判和科学审查的对象时，可以说，它们就从默默无闻的小角落中走了出来，在社会和政治辩论中获得了核心的重要性。风险生产和分配的‘逻辑’从而发展起来。占据中心舞台的是现代化的风险和后果，它们表现为对于植物、动物和人类生命的不可抗拒的威胁。不像19世纪和20世纪上半期与工厂相联系的或职业性的危险，它们不再局限于特定的地域或团体，而是呈现出一种全球化的趋势，这种全球化跨越了生产和再生产，跨越了国家界线。在这种意义上，危险成为超国界的存在，成为带有一种新型的社会和政治动力的非阶级化的全球性危险。”②

在风险社会里，个体感知、家庭生活，社会角色、民族认同以及民主政治等都被风险化了，一切个体存在的方式就是风险生存。“一方面，在工业社会中，核心家庭范围内的社会生活变成了常规

① ［德］乌尔里希·贝克著：《风险社会》，何博闻译，译林出版社2003年版，第2页。

② ［德］乌尔里希·贝克著：《风险社会》，何博闻译，译林出版社2003年版，第6～7页。

的和标准化的。另一方面，可以说核心家庭奠基于男人和女人被硬性划定的和（不妨说）‘封建的’性角色，这种角色开始与持续进行的现代化过程（将女性投入于工作过程中，日益频繁的离婚，等等）进行搏斗。但随之而来的是，生产和再生产的关系开始改变，正如与工业社会‘核心家庭的传统’联系在一起的其他事物一样：婚姻、亲子关系、性、爱和诸如此类的东西。”①

因此，风险社会不是某个具体社会和国家发展的历史阶段，而是对目前人类所处时代特征的形象描绘。它是社会存在的客观状态，并非可随意加以接受或拒绝的一个抉择。

贝克认为，风险社会的突出特征有两个：一是具有不断扩散的人为不确定性逻辑；二是导致了现有社会结构、制度以及关系向更加复杂、偶然和分裂状态转变。所以，现在的风险与古代的风险不同，是现代化、现代性本身的结果。风险社会的风险包括经济的、政治的、生态的和技术的，如核技术的、化学的、生物的风险。②

这些风险是现代化的产物，是人为的风险，这种风险与以前的自然风险明显不同：（1）它们是人类知觉系统感觉不到的，“至少对消费者来说，风险的不可预见性几乎不可能使他们作出任何决定。它们是和其他东西一起吸入和吞下的附带产品。它们是正常消费的夹带物。它们在风中和水中游荡。它们可以是任何东西，而且与生活的绝对需求——呼吸的空气、衣食、居所——一起，它们通过了所有其他严密控制的现代性保护区域。不像诱惑人却也可以抛弃的财富——对于它们，选择、购买和决定总是可能和必须的——

① ［德］乌尔里希·贝克著：《风险社会》，何博闻译，译林出版社2003年版，第7页。

② 刘婧：《风险社会中政府管理的转型》，载《新视野》2004年第3期。

风险和破坏在所有的地方通过自由的决定而隐晦和无阻碍地隐藏着。”[①] 因此，风险的严重程度超出了预警检测和事后处理的能力：“精确的风险‘管理’工具正被磨得锋利，斧子正被抡起来。那些指出风险的人被诽谤为‘杞人忧天’和风险的制造者。他们所表明的威胁被看做是‘未经证实的’。人们说，在确定情况如何并进行合适的测量之前，必须进行更多的研究。”[②]（2）风险影响对象具有广泛性，即现代风险所可能造成的损害大多不分阶级性或阶层性，每个人所可能受到影响的机会是平等的，现代风险具有一种“民主性”，是“平等主义”的。（3）它们阻止风险原因的传播和受害者的赔偿，风险计算无法操作，导致保险失灵。（4）风险影响结果与途径具有不确定性，使得计算风险使用的计算程序、常规标准等无法把握，它们超出了现代社会的控制能力，风险的排除不再是可能的；即某一风险会造成什么样的影响，影响的途径是什么，传统的风险计算方法往往无能为力，“标准的计算基础——事故、保险和医疗保障的概念等——并不适合这些现代威胁的基本维度”。例如，转基因食品会对人体造成什么样的影响，影响的途径是怎样的，现在很难作出准确的评价。（5）它们是理性决策信赖的，今天的风险就是昨天的理性决策。从根源上讲，风险是内生的，伴随着人类的决策与行为，是各种社会制度尤其是工业制度、法律制度、技术和应用科学等正常运行的共同结果；这是因为现代风险作为一种人为风险，是人类为了生活舒适与便利而对社会生活与自然加大干预范围与深度的结果，是人类追求更高层次生活所不可避免的“副产品”，只要人类不停止这种追求，这种风险就不可能得到完全的消除。（6）它们是广泛存在的，成为现代社会的基

① ［德］乌尔里希·贝克著：《风险社会》，何博闻译，译林出版社2003年版，第44页。

② ［德］乌尔里希·贝克著：《风险社会》，何博闻译，译林出版社2003年版，第51页。

本特征，成为后工业社会的内在品性。即现代社会的风险与传统社会的自然风险不同，大多是人类自己的行为所造成的。其中，政府、工业和科学是风险的主要制造者。①

简而言之，与传统的风险相比，现代风险表现出独特的性质：一是风险人为化。人类决策与行为成为风险的主要来源，人为风险超过自然风险成为风险结构中的主导内容。二是风险兼具积极与消极意义。现代风险是中性概念，它会带来不确定性与危险，也具有开辟更多选择自由的效果。三是风险影响后果的延展性。现代风险在空间上超越地理与文化边界的限制呈现全球化态势，在时间上其影响具有持续性，不仅及于当代，还可能影响后代。四是风险影响途径不确定。现代风险形成有害影响的途径不稳定且不可预测，往往在人类认识能力之外运作。五是风险的建构本性。现代风险既是受概率和后果严重程度影响的一种客观实在，也是社会建构的产物，与文化感知及定义密切相关。它不仅通过技术应用被生产出来，而且在赋予意义的过程中由对潜在损害、危险或威胁的技术敏感所制造。②

总而言之，风险社会中的风险具有不确定性、全球性以及后果的不可预测性，风险又是人为的混合，它结合了政治、伦理、媒体、科技、文化以及人们的特别感知，这些风险与原来社会的风险有很多不同，不但其后果更为严重，而且其影响面已经超越了国家与阶级的界限，传统工业社会中人们的阶级地位和风险地位的关联性逐渐消失。如今核辐射、生物工程以及温室效应所带来的新的风险则不可避免地威胁着所有社会阶层的人们。因此可以说，现代的风险社会已经取代传统的工业风险而独占鳌头。

---

① 覃翠玲：《风险社会与大学生风险防范意识的培养》，载《教育与职业》2010 年第 9 期。

② Adam, Beck & van Loon (eds.), The Risk Society and Beyond. London: Sage Publications, 2000, In－troduction, p. 2.

二、食品安全的历史性

其实，人类很早就对食品安全问题有所认识。孔子就曾对他的学生讲授过著名的“五不食”原则：“食噎而谒，鱼馁而肉败，不食。色恶，不食。臭恶，不食。失饪，不食。不时，不食。”① 这是文献中有关饮食安全的最早记述。西方文化中，《圣经》中也有许多关于饮食安全与禁规的内容。其中著名的摩西饮食规则规定，凡非来自反刍偶蹄类动物的肉不得食用，据说就是出于食品安全性的考虑。②《旧约全书·利未记》明确禁止食用猪肉、任何腐食动物的肉或死畜肉。可见，古代人类对食品安全的认识大多与食品腐坏、疫病传播等问题相关。

生产的发展促进了社会的产业分工，商品交换、阶级分化以及利欲追求与道德维护的对立，使得食品的安全保障问题出现了新的因素和变化，食品生产和交易中出现了制假、掺假、掺毒以及欺诈现象，由此也开始出现规制食品安全的古代法律。《汉谟拉比法典》中规定禁止啤酒兑水，同时古罗马帝国时代的民法也对防止食品的假冒、污染等安全性问题作过广泛的规定，违法者可判处流放或劳役。中世纪的英国约翰国王（1167—1216 年）为解决石膏掺入面粉等事件颁布了面包法，对面包的价格、重量和质量进行了规制。但掺假食品仍屡禁不绝，有人记载 18 世纪中叶英国杜松子酒中查出的掺假物有浓硫酸、杏仁油、松节油、石灰水、玫瑰香水、明矾、酒石酸盐等。直到 1860 年，英国国会通过了新的食品法，再次对食品安全性加强控制。③

---

① 《论语·乡党第十》。

② 犹太教、基督教的十条戒律，据说是上帝在西奈山上亲自授予摩西，作为同以色列人的约法，亦称“摩西十戒“，见《圣经·出埃及记》。

③ Elke Anklam and Reto Battaglia,“Food analysis and consumer protection”, Treads in Food Science and Technology 12（2001）. 197 - 202.

在美国，19 世纪中后期资本主义市场经济的发展由于缺乏有效的法律规制，导致食品安全问题层出不穷。据说当时牛奶掺水、咖啡掺炭的事件时有发生。更有在牛奶中加甲醛，肉类用硫酸、黄油用硼砂做防腐处理的事例。一些肮脏不堪的食品加工厂如何把腐烂变质的肉变成美味的香肠，把三级品变成一级品的故事，被写成报告文学，使社会震动。当时美国农业部的官员在报刊上惊呼：由于商人的肆无忌惮和消费者的无知，使购买那些有害食品的城市百姓经常处于危险之中。在此情况下，美国国会于 1890 年通过了肉类检查法。1906 年美国国会通过了第一部对食品安全、诚实经营和食品标签等进行管理的法律，即食品与药物法，同年还通过了肉类检查法的修正案。这些法律对美国州与州之间的食品贸易加强了安全性管理。以上资本主义前期市场经济发展中开始出现的种种食品安全性现象和问题，至今在世界处于不同社会经济发展水平的国家和地区，仍在继续威胁着人们的健康和安全。不过在现代农业和现代食品加工业建立起来以前，食品数量还相对不够丰足的条件下，食品的质量与安全性问题一般处在次要地位，难以受到社会的足够重视。

进入 20 世纪以后，食品工业应用的各类添加剂日新月异，农药、兽药在农牧业生产中的重要性日益上升，工矿、交通、城镇“三废”对环境及食品的污染不断加重，农产品和加工食品中含有害有毒化学物质的问题越来越突出。此外，化学检测手段及其精度不断增加和提高，农产品及其加工产品在地区之间的流通规模与日俱增，国际食品贸易数量越来越大。这一切对食品安全问题提出了新的要求，以适应生活水平提高、市场发展和社会进步的新形势。问题的焦点与热点，逐渐从食品不卫生、传播流行病、掺杂制伪等为主，转向某些化学品对食品的污染及对消费者健康的潜在威胁方面上来。20 世纪对食品安全性影响最为突出的事件，当推有机合成农药的发明、大量生产和使用。曾被广泛应用的高效杀虫剂“滴滴涕”，其发现、工业合成及普遍使用始于 30 年代末 40 年代初，至60年代已达鼎盛时期。“滴滴涕”在消灭传播疟疾、斑疹伤寒等严重传染性疾病的媒介昆虫（蚊、虱）以及防治多种顽固性农业害虫方面，都显示了极好的效果，成为当时人类防病、治虫的强有力武器，其发明者瑞士科学家穆勒因此巨大贡献而获得1948年诺贝尔奖。“滴滴涕”的成功刺激了农药研究与生产的加速发展，随着现代农业技术对农药的大量需求，包括“六六六”在内的一大批有机氯农药此后陆续推出，在五六十年代获得广泛应用。然而时隔不久，“滴滴涕”及其他一系列有机氯农药被发现因难以生物降解而在食物链和环境中积累起来，在人类的食物和人体中长期残留，危及整个生态系统和人类的健康。进入70年代后，有机氯农药在世界多数国家先后被停止生产和使用，代之以有机磷类、氨基甲酸酯类、拟除虫菊酯类等残留期较短、用量较小也易于降解的多种新类型农药。但农业生产中滥用农药在毒化了环境与生态系统的同时，导致了害虫抗药性的出现与增强，这又迫使人们提高农药用量，变换使用多种农药来生产农产品；出现了虫、药、食品、人之间的恶性循环。尽管农药及其他农业化学品的应用对近半个世纪以来世界农牧业生产的发展贡献巨大，农药种类和使用方法不断更新改进，用药水平和残留水平也在下降，但农产品和加工食品中种类繁多的农药残留至今仍然是最普遍、最受关注的食品安全课题。

20世纪对食品安全新问题的社会反应和政府对策最早见于发达国家。例如，美国在1906年食品与药物法的基础上，于1938年由国会通过了新的联邦食品、药物和化妆品法，1947年通过了联邦杀虫剂、杀菌剂、杀鼠剂法，两法以后又陆续进行过多次修正，至今仍为美国保障食品安全的主要联邦法律。其中，食品、药物和化妆品法规定，凡农药残留量超过规定限量的农产品禁止上市出售；食品工业使用任何新的添加剂前必须提交其安全性检验结果，原来已使用的添加剂必须获准列入“公认安全”（GRAS）名单才能继续使用；凡被发现可使人或动物致癌的物质，不得认为是安全

的添加剂而以任何数量使用。联邦杀虫剂、杀菌剂、杀鼠剂法规定，任何农药在为一定目的使用时不得“对环境引起不适当的有害作用”；每一种农药及其每一种用途（如用于某种作物）都必须申请登记，获准后才能合法出售及应用；凡登记用于食用作物的农药应由国家环境保护局根据申请厂商提交的资料批准其各自用途的食品残留限量，即在未加工的农产品及加工食品中允许的最高农药残留限量。世界卫生组织和粮农组织自60年代组织制定了《食品法典》（简称Codex），并数次修订，规定了各种食物添加剂、农药及某些污染物在食品中允许的残留限量，供各国参考并借以协调国际食品贸易中出现的食品安全标准问题。至此，尽管还存在大量的有关添加剂、农药等化学品的认证与再认证工作，以及食品中残留物限量的科学制定工作有待解决，控制这些化学品合理使用以保障丰足而安全的食品生产与供应，其策略与途径已初步形成，食品安全管理开始走上有序的轨道。

三、食品安全的世界性

在过去的20年间，世界各大洲均有严重的食源性疾病暴发，各国政府和消费者对食源性疾病暴发给予了前所未有的关注。食源性疾病对儿童、孕妇、老人和已患其他疾病的患者的影响最为严重，造成大量的人员伤亡。食源性疾病不仅危害人们的健康和生活，而且严重影响家庭、社会乃至整个国家的经济利益。

农业和食品工业的一体化以及全球化食品贸易的发展正在改变食品的生产和销售方式，这种情形为已知和未知的食源性疾病的流行提供了环境，而食品和饲料异地生产、销售又为食源性疾病的广泛传播和暴发创造了条件。例如，在欧洲二恶英事件中，约1500个农场两周内从同一供货商处购买了被二恶英污染的饲料，以进食被二恶英污染的饲料的动物为原料加工制作的食品几周内进入世界各地。[①] 本次事件中二恶英对公众健康产生的影响可能需要调查数年才能搞清楚。

同时，日趋加速的城市化导致食品的运输、储存及制作的需求增加。财富的积累、生活方式的城市化及某些设施的缺乏使人们在家就餐的机会越来越少。在发展中国家，食物常常由街头小贩制作。而在发达国家，用于家庭外制作的食品的花费可达食品预算的50%。[②] 所有这些变化都导致原来单一的污染源被广泛散播，甚至产生全球性影响。特别是在发展中国家，卫生和社会环境正在迅速变化，有限的资源面对着城市化的发展、储存食品的需求增加、缺乏安全卫生的水供应及安全食品生产设施等诸多压力。20 世纪末，特别是进入世纪之交的 90 年代以来，人类社会发展的多个方面通过人类食物链对食品安全的影响进一步显露出来。而人类对全球生态环境变化及其与自身生存发展关系的认识深化，激发了人们的生态环境保护意识。这就使食品安全再次作为人类面临的重大生活或生存问题，从多个侧面被提上议程。

首先，近年来食源性疾病的暴发性流行仍在世界不同国家不断发生。其中，肉蛋奶类动物制成品或半制成品带菌致病事件有上升趋势，主要是经动物及其制品传染给人的“人兽共患病”。最为常见的沙门氏菌病是经由灭菌不充分的鸡蛋、牛奶及其制品如冰激凌、奶酪等传播的。一种被称作肠道出血性大肠杆菌感染的新的食源性疾病，在欧洲、美国、日本、我国香港地区等地先后导致多起群体染病的暴发性病案，引起广泛的震动。新的食源性疾病的出现与发展，是在食品生产、加工、保存以及品种、消费方式发生变化下食品安全新态势的反映。

---

① 《WHO 全球食品安全战略草案》，上海检疫检验动植物与食品检疫检验技术中心发表于 2004 年 5 月 21 日，http://www.caaa.cn/show/newsarticle.php? ID=1753。

② 2003 年世界卫生组织《全球食品安全战略》。

其次，在世界各国的癌症发病率及其他与饮食营养有关的慢性病不断上升，化学药物对人类特别是妇幼群体危害日益明显的情况下，兽药使用不当、饲料中过量添加抗生素及生长促进素等对食品安全的影响也逐渐突出。一些研究趋向于认为，最近动物性食品中的某些致病菌如沙门氏菌和大肠杆菌，可能是在滥用抗生素条件下增加了的新的致病菌系。同时，现在把抗生素作为饲料添加剂虽有显著的增产防病作用，但除了抗生素本身在使用不当时可产生副作用外，也导致了这些抗生素对人的医用效果逐渐丧失。尽管世界卫生组织呼吁减少用于农业的抗生素种类和数量，但由于兽药产品对现代畜牧业的重要支撑作用及其给畜牧业和医药工业带来的丰厚经济效益，要把兽医用药纳入有节制的合理使用轨道远非易事。另外，自英国科学家发现“疯牛病”可使人感染导致致命疾病后，欧洲特别是英国的养牛业和牛肉市场陷入严重的危机。此病据称是由于患该病牛羊的屠宰下脚料内脏又被再加工用于牛饲料而使病源进入人类食物链的。

最后，人类进入核时代以后食品安全性中的核安全问题。近年来，世界范围的核试验、核事故已构成对食品安全性的新威胁。1986年发生于苏联境内的切尔诺贝利核事故，是人类迄今已知的最严重核事故，使几乎整个欧洲都受到核沉降的影响，牛羊等草食动物首当其冲。欧洲许多国家当时生产的牛奶、肉类、肝脏中都发现有超量的放射性核素而被大量弃置。在这种情况下，已经多年研究被认定较为安全的食品辐照技术，受核辐射对人体危害的深远心理影响，在商业上的应用长期受阻，有待研究的问题和立法方面也都进展缓慢。

第二节　我国食品安全及监管机制界定

一、"食品安全"的含义

对很多人来说，"安全"是一个很具体又很抽象的概念，在英文中对应的单词也有多个，如 safety，security。security 是指一种没有危险或袭击的状态，[①] safety 是指远离危险并没有导致危险的隐患。[②]

迄今为止，学术界对食品安全尚缺乏一个明确而统一的定义。世界卫生组织 1984 年曾在题为"食品安全在卫生和发展中的作用"的文件中指出，食品安全是指"生产、加工、储存、分配和制作食品过程中确保食品安全可靠，有益于健康并且适合人类消费的种种必要条件和措施"。此概念将"食品安全"等同于"食品卫生"，并没有将二者进行真正的区分。直到 1996 年在《加强国家级食品安全性计划指南》中开始把"食品安全"与"食品卫生"作为两个不同含义的用语加以区别。其中"食品安全"被解释为"对食品按其原定用途进行制作或食用时不会使消费者受害的一种担保"，食品卫生则是指"为确保食品安全性和适合性在食物链的所有阶段必须采取的一切条件和措施"。可见，传统的定义显然已经不适应现实的发展，而新的定义仍有待进一步的阐述。[③]

在德国，《食品、日用品与饲料法典》中也对"食品安全"的

---

① Bryan A Garner. Black's Law Dictionary . Minnesota: West Group Publishing Co,1999.1337.

② Bryan A Garner. Black's Law Dictionary . Minnesota: West Group Publishing Co,1999.1358.

③ 杨洁彬、王晶、王柏琴著:《食品安全性》，中国轻工业出版社 2002 年版，第 5 页。

概念进行了界定。当然其定义来源于欧盟第 178/2002 号条例[①]第 14 条第 3 款的规定，食品在普通、合理、事先预知的进食条件下应该是安全的，并且在食品的包装或标签上有足够的信息可供消费者作出判断。但是欧盟并没有定义什么是“安全”，而是在欧盟第 178/2002 号条例第 14 条第 2 款对“不安全”下了定义，即“损害健康”和“不适合人体进食”。鉴于对“安全”概念的解释是随着科学技术的进步而变化发展的，但是“不安全”的概念却基本保持不变，所以定义“不安全”比“安全”更有可操作性，同时也可以保持法律的连续性，不必时常修改法律。但是这条规定仍留有很大的解释空间。《食品与日用品法》第 8 条、《食品、日用品与饲料法典》第 5 条“健康保护”都规定禁止“不安全”食品的生产和销售，《食品、日用品与饲料法典》第 5 条还特别强调，欧盟 178/2002 号条例第 14 条第 1 款规定的“不安全食品不得投入流通”是“不可侵犯”的。

相比较而言，对消费者已经造成人身健康损害的食品明确属于“不安全食品”，但是对还未引发却可能引发安全事件的食品，即“潜在”的不安全食品，行政机关是否也可以根据法律采取措施，德国的实践对此也给出了肯定的回答，如“立法禁售小果冻案例”体现出德国对安全食品概念的解释已经远远超出了卫生范畴。

2002 年 4 月 12 日，当时的德国消费者保护、食品和农业部部长屈纳斯特（Renate Künast）批准生效了一项紧急条例，[②] 禁止在德国销售果冻，原因是小孩吞食滑溜的果冻易造成窒息。随后各州也纷纷禁止果冻的销售。当时果冻的生产商就提出抗议，认为他们已经在包装上写明“适合 × 周岁以上儿童食用”等警示信息，尽到了提醒义务，家长在购买时应该能够作出正确的判断。但是德国

---

① Verordnung(EG) Nr. 178/2002.

② http://archiv. bundesregierung. de/bpaexport/pressemit - teilung/37/75737/multi. htm, 2008 - 02 - 01.

消费者保护、食品和农业部部长还是认为这种食品虽然不是有毒有害的食品，但是仍然符合“潜在的不安全食品”的概念，可予以禁止。包装上的警示信息固然可以提醒成年消费者和家长，但是没有鉴别能力的幼童仍可以自行购买食用或食用家中已有的为较大儿童和成年人准备的果冻，威胁其健康甚至生命。世界上其他许多国家对果冻采取的措施与德国相同。[①] 这些措施都是针对“潜在”的不安全，对保护消费者特别是儿童消费者的健康起到了积极的作用。

对“潜在的不安全食品”界定的案例，比较有名的还有2003年德国慕尼黑行政法院关于某种含有沙门氏菌的草本茶（Krautertee）的判决。[②] 案件的起因是，萨安州和石荷州的消费者保护局于2003年7月分别抽检到原告，即该茶经销商的商品，并同时在样品中发现沙门氏菌。[③] 两份检验报告还指出，若不用沸水冲茶，不能排除沙门氏菌残留于茶水中的可能性。巴伐利亚州的某下级政府，即本案被告获悉此检验结果后，向巴伐利亚州健康、食品和消费者保护部汇报，之后原告被以“处分”的形式，停止经营并全

---

① 2004年年底，韩国暂停销售直径小于4.5厘米的果冻；美国相关法律规定，球形果冻的剖面直径须超过4.45厘米，非球形果冻的剖面直径须超过3.18厘米，同时消费者要谨慎购买小果冻，不要给儿童喂食，更不要让儿童单独食用。

② Verwaltungsgericht München, Beschluss vom 21. August2003 – M 4 S 03. 3666 – (rkr).

③ 从科学的角度讲，沙门氏菌是一大群寄生于人类和动物肠道中的革兰氏阴性杆菌，属于肠道菌群，其种类繁多，至今已发现的种类有2200多个血清型，但是对人能致病的仅仅是少数。这些能致病的沙门氏菌大都是人畜共患病，只有伤寒沙门氏菌和副伤寒沙门氏菌对人致病。这些致病菌主要通过食物、饮水经口传染。人类感染沙门氏菌主要有五个类型：胃肠炎型、类霍乱型、类伤寒型、类感冒型、败血症型。可见沙门氏菌确实是一种可能对健康产生危害的细菌，但是也并非必然。

部回收已销售的该品种草本茶，封存未销售之商品，这项处分应一直持续至原告能自行证明其商品不含沙门氏菌为止。原告对此行政行为不服提起诉讼。慕尼黑行政法院除了审查政府的行政行为是否符合程序外，还对行政行为的理由，即认定该草本茶为“不安全”食品，委托多家专业机构进行审查。

从慕尼黑行政法院的判决书中可以看到，它根据已有的和受案后由受委托专业机构出具的报告从三方面充分解释了“潜在的不安全”的概念。

其一，可能危害饮用者的健康的事实。沙门氏菌能在 70 摄氏度以上的温度下被彻底破坏。若杀死沙门氏菌的条件没有被严格遵守，它仍然可能存活并导致抵抗力较差的人群得病，如免疫系统还未完全发育的 6 个月以下的婴儿。

其二，潜在危害的发生并非“偶然”或“例外”。原告诉称该草本茶的包装上已经写明“请使用 80 摄氏度以上的水冲泡”这样的饮用说明，属于符合“普通、合理、事先预知的防范损害健康风险的食用条件”。慕尼黑行政法院采信的是德国联邦风险评估局在 2003 年 7 月 31 日作出的一份报告：草本茶可能由于其植物间的互相作用和不当加工程序而毁坏生物体的内组织和机能，特别是可能产生沙门氏菌。德国卫生与环境研究所也在其 2003 年 7 月的研究报告中指出，如果使用 80 摄氏度以上的水冲泡茶叶制品，才可以完全杀灭沙门氏菌。也就是说，法院认为含有沙门氏菌的草本茶存在可能危害饮用者的健康的事实，而这一事实的发生并非偶然。

其三，潜在的不安全可能危害敏感食用群体。德国联邦风险评估局也说明，在抵抗力较差的人群中，即使很小剂量的沙门氏菌也可能致病。虽然《食品与日用品法》第 8 条“禁止损害健康”是针对普通和健康人群，即非敏感人群，但是并不能排除幼儿在家庭范围内与其家庭成员共同饮用的可能性。[①] 在行政机关适用法律正确、程序合法的前提下，慕尼黑行政法院综合上述理由，驳回原告的诉讼请求。

由此可见，德国对“潜在的不安全食品”的认定是非常严格的。果冻案中的果冻本身并没有质量问题，既没有细菌也没有过期，它对健康只产生“可能”的危害，危害的人群也只是误食果冻的幼童，从人口比例上讲并不占多数。草本茶案中的茶包若正确饮用不会危害健康，而且实际上德国也从未发现有饮用该草本茶致病的事件，其危害只是“潜在”的，行政机关对此只能采取预防措施。我国在这一方面的规定还较为宽泛，导致行政机关在执法中必须等到危害“显现”时才能采取措施，不能主动地防患于未然。事后的补救和处罚都弥补不了已经产生的健康危害。

我国学术界在食品安全的认识上主要有三种观点：第一种观点认为，食品安全是指食品中不应含有可能损害或威胁人体健康的有毒、有害物质或因素，从而导致消费者急性或慢性毒害或感染疾病，或产生危及消费者及其后代健康的隐患。[②] 第二种观点认为，食品安全应区分为绝对安全与相对安全两种不同的层次。绝对安全被认为是确保不可能因食用某种食品而危及健康或造成伤害的一种承诺。相对安全为一种食物或成分在合理食用方式和正常食量的情况下不会导致对健康的损害。[③] 第三种观点认为，食品安全是指生产者所生产的产品符合消费者对食品安全的需要，并经权威部门认

---

① 在德国有喝草本茶治病和预防疾病的传统，父母也习惯给幼儿喝草本茶。并不能说一定是特别针对幼儿的茶才可以给幼儿喝。同样的道理，病人也可能喝到这种茶，鉴于草本茶有别于普通茶的功效，饮用的可能性甚至很大。这就符合“潜在的不安全食品”可能危害敏感食用群体的要件。

② 杨洁彬、王晶、王柏琴著：《食品安全性》，中国轻工业出版社 2002 年版，第 5 页。

③ 杨洁彬、王晶、王柏琴著：《食品安全性》，中国轻工业出版社 2002 年版，第 6 页。

定，在合理食用方式和正常食用量的情况下不会导致对健康的损害。①

以上定义的共同特点都特别专注于食品中是否含有可能危及健康的有害物质，即我们经常所说的质量的安全来评判食品的安全问题，而忽视了食品本身的营养与健康。当然，存在这种认识是与人们所处的历史阶段所受的局限相关。由于我国目前的生产力水平有限，虽经过30多年的改革开放，我国人民的物质生活水平有了很大的提高，食品的数量和品种得到极大丰富，温饱问题也基本得到解决。但是，在食品数量不断增加的同时，有毒、有害的食品也在花样翻新地走上人民的餐桌，危害着人们的生命和健康。在我们的身体受到现实威胁的时刻，人们已经无暇顾及更高层次的“营养、健康”问题了。所以，从社会现实出发，将食品安全界定为“质的安全”——只要有害物质含量不会对人体造成危害就是可以理解的。这也在一定程度上反映了人们对食品安全“底线”的期待已经很低。食品安全的标准至少应当设定在必须保障公众健康的层面上。

当然，食品的健康标准以及由此涉及的食品安全的根本标准，不同的学科有不同的表述方式。从卫生角度而言，食品中不含有导致消费者急性或慢性毒害或感染疾病的因素，或不含有产生危及消费者及其后代健康的有毒、有害因素就是安全的。从法律角度而言，食品原材料的种植、养殖、加工、包装、储藏、运输、销售、消费等活动符合国家强制性标准和要求，不存在损害或威胁消费者及其后代人体健康的有毒、有害物质就是安全的。由于食品安全的不确定性、专业性及发展性，决定了食品安全概念本身是一个多样的复杂的词汇。

而“食品安全”作为一个法律概念进入我国立法领域基本上是2000年之后的事情。2006年施行的《国家重大食品安全事故应

---

① 李新生：《食品安全与中国安全食品的发展现状》，载《食品科学》2003年第8期，第251～255页。

急预案》规定："食品安全：是指食品中不应包含有可能损害或威胁人体健康的有毒、有害物质或不安全因素，不可导致消费者急性、慢性中毒或感染疾病，不能产生危及消费者及其后代健康的隐患。食品安全的范围：包括食品数量安全、食品质量安全、食品卫生安全。本预案涉及到的食品安全主要是指食品质量卫生安全。"而2009年生效的《食品安全法》第99条则规定，食品安全，指食品无毒、无害，符合应当有的营养要求，对人体健康不造成任何急性、亚急性或者慢性危害。相对于《国家重大食品安全事故应急预案》的规定，该定义表述简洁但特别强调了"营养要求"，这恐怕与该法颁布之前发生的"三聚氰胺"奶制品事件密切相关。学者给出的食品安全定义似乎更为宽泛。有学者给出的定义扩展了食品安全的外延，将环境保护纳入食品安全需考量的因素。"食品安全在当今时代的定义至少还应包括以下三个方面的内容：食品的生产、加工、储运和消费过程应对环境具有友好性；食品被不同肤色、职业、年龄和性别的人群按规定正常食用后，不会对身体产生损害；衡量食品的安全性指标应有明确的计量或感观等方面的国际通用标准范围值。"①"广义的食品安全概念是持续提高人类的生活水平，不断改善环境生态质量，使人类社会可以持续、长久地存在与发展。包括卫生安全、质量安全、数量安全、营养安全、生物安全、可持续性安全六大要素。"②

总体而言，食品安全的法律概念有两层含义：首先表明了安全不安全，其衡量标准有两条，一是要看该食品是否符合国家对食品的强制性要求；二是要看该食品是否对人体造成了现实的损害，或存在潜在的隐患。其次表明了食品安全既包括生产安全，也包括经

① 孙晓黎：《食品安全及其对国际贸易的影响》，载《环境与经济》2004年第12期，第29页。

② 张守文：《当前我国围绕食品安全内涵及相关立法的研究热点》，载《食品科技》2005年第9期，第3页。

营安全；既包括结果安全，也包括过程安全；既包括现实安全，也包括未来安全。

二、食品安全监管机制

“监管”一词源自英文 regulation，有广义、狭义和最狭义之分。[①] 本书取广义监管的概念，即“社会公共机构或私人以形成和维护市场秩序为目的，基于法律或社会规范对经济活动进行干预和控制的活动”，包括了政府监管和非政府组织的监管。[②] 因此，所谓食品安全监管，是指为了确保食品的安全，一定主体依据法律等规则，制定规格、标准，对食品的生产、流通、销售等进行管理的活动。[③]

根据《现代汉语词典》，机制是指一个工作系统的组织或部分之间相互作用的过程和方式，机制的建立，一靠体制，二靠制度。[④] 这里所谓的体制，主要指的是组织职能和岗位责权的调整与配置；所谓制度，从广义上讲包括国家和地方的法律、法规以及任何组织内部的规章制度。也可以说，通过与之相应的体制和制度的建立（或者变革），机制在实践中才能得到体现。

食品安全监管机制是在整体上赋予食品安全监管运作的动力和载体，是整个食品安全监管系统的运作过程和方式。在食品安全监管机制这一定义上，我们要赋予其系统性、整体性与全局性。由于每个国家的国情区别，以及在具体运作过程中的差异，各个国家的食品安全监管机制都有其自己的模式，但是无论是什么样的模式，

---

① 马英娟著：《政府监管机构研究》，北京大学出版社 2007 年版，第 22 ~ 24页。

② 马英娟著：《政府监管机构研究》，北京大学出版社 2007 年版，第 22 页。

③ 王贵松著：《日本食品安全法研究》，中国民主法制出版社 2009 年版，第 16 页。

④ 《现代汉语词典》，商务印书馆 1996 年版，第 582 页。

这一机制都是整个系统内部互相作用的结果，而系统内部的各个要素是否协调，作用的过程是否顺畅，以及作用的方式是否科学等方面就直接影响着食品安全监管机制的完善程度。① 因此，食品安全监管机制是指为了确保食品安全，食品安全监管系统的组织或部分之间相互作用的过程和方式，具体包括食品安全监管体制和食品安全监管制度两个方面。

① ［美］丹尼尔. F. 史普博著：《管制与市场》，余晖等译，上海三联书店、上海人民出版社 1999 年版，第 4 页。

第二章　国内外食品安全监管制度比较与借鉴

第一节　国外食品安全监管制度述评

一、国外食品安全监管制度概况及发展趋势

（一）欧盟食品安全监管制度的构建

欧盟的食品政策经历了20世纪60年代的以生产为中心到21世纪以公众健康为导向的演变过程。① 从1957年欧共体成员国在罗马签署《欧洲经济共同体条约》起，欧共体就开始致力于加强食品安全的监管工作，着手制定食品安全方面的技术法规，并努力协调各成员国之间有关有毒物质和食品添加剂等方面的技术法规，以确保各成员国之间的贸易自由流通。自1996年“疯牛病”在欧洲复发以后，欧盟食品安全立法也不断改革。本书大致以时间为序，对欧盟委员会主要颁布的食品安全监管方面的法规和制度予以介绍。

1997年4月，欧盟委员会发表了关于欧盟食品法规一般原则的《食品安全绿皮书》。绿皮书对过去30年里欧洲共同体食品法规的变化趋势进行了总结，肯定了共同体在融合各个成员国食品法规方面所取得的成就，对统一市场计划给食品加工行业所带来的影

① 邵继勇著：《食品安全与国际贸易》，化学工业出版社2005年版，第249页。

响与效益给予了积极的评价。但绿皮书认为，与各个成员国的食品法规相比，共同体层面的食品法规的基本原则和职责要求不明确，法规内容零散、陈旧、缺乏核心，对此欧洲议会强烈要求对立法框架作出改进。通过分析欧洲食品安全的现状及成因，绿皮书对共同体食品立法的前景进行了咨询和建议，为欧盟食品安全法规体系确立基本框架奠定了基础。

绿皮书为欧洲共同体的食品法规确立了六个基本目标：一是确保为公众健康、安全和消费者提供高水平的保护；二是确保食品在内部市场的自由贸易；三是确保食品法规以科学证据及相关机构的风险评估为基础；四是确保欧洲食品产业的竞争力并增强其出口能力；五是生产者、加工者及供应商应承担食品安全的主要责任，在有效的官方控制和法规执行的支持下，推行危害分析与关键控制点（Hazard Analysis and Critical Control Point，简称 HACCP）体系；六是确保法规的连贯性、合理性并简明易懂，并保证与有关利益各方充分协商。①《食品安全绿皮书》为欧洲食品安全的法律改革和制度建设指明了方向，后来的欧盟食品安全法律制度的改革也基本是围绕上述六个目标进行的。

2000 年 1 月，欧盟委员会发表了《食品安全白皮书》，将食品安全作为欧盟食品相关立法和管理制度的主要目标，制定了一套连贯而透明的法律法规和监管制度，加强“从田间到餐桌”的监管与控制。《食品安全白皮书》共计 52 页，除去执行摘要和附录，共有 9 章 117 条。这 9 章内容主要是：（1）序言部分；（2）食品安全原则；（3）食品安全政策的关键——信息收集、分析及科学建议；（4）关于欧洲食品安全局（EFSA）的筹建；（5）法规框架；（6）食品安全控制；（7）消费者信息；（8）国际化规定；（9）结论。为了确保能够建立一套控制“从农场到餐桌”全过程

① The General Principles of Food Law in the European Union - commission Green Paper COM (97). p. 3.

的制度体系，白皮书涉及的范围非常广泛，包括普通动物饲养、动物健康与保健、污染物和农药残留、新型食品、添加剂、香精、包装、辐射、饲料生产、农场主和食品生产者的责任以及各种农场控制措施等，是如今欧盟及其成员国制定食品安全管理相关法律的核心指导。[①] 白皮书的另一个重要内容是倡导建立欧洲食品安全局，这一独立于欧盟委员会和欧洲议会之外的机构将主要负责为欧盟委员会提供与食品安全有关的独立建议与科学支持，同时建立一个与成员国相关机构进行紧密协作的网络，评估与整个食品链相关的风险，并且就食品风险问题向公众提供相关信息。

在《食品安全白皮书》的框架下，欧洲议会和理事会于 2002 年 1 月通过了第 178/2002 号条例，即通用食品法。该法包含 5 章 65 项条款。第一章即范围和定义部分，主要阐述法令的目标和范围，界定了食品、食品法律、食品商业、饲料、风险、风险分析等 20 多个概念；第二章则主要规定了食品安全法的一般原则、透明原则、食品贸易的一般原则、食品法律的一般要求等；第三章即对 EFSA 的筹建部分，详述了其的任务及使命、机构组织、操作规程，以及保持 EFSA 的独立性、透明性、保密性和交流性的要求，还规定了 EFSA 财政和其他方面的条款等；第四章则主要致力于阐述快速预警系统的建立和实施、紧急事件处理方式和危机管理程序；第五章则对一些程序和最终条款作出了规定，包括委员会的职责、协调程序及一些补充。通用食品法建立了欧盟对食品和食品安全的通用定义，规定了食品安全法律的基本原则和要求，确立了与食品安全有直接或间接影响事务的一般程序，制定了食品安全法的总体原则和目标，设立了欧洲食品安全局进行食品风险评估和信息

① White Paper on Food safety – COM（99）. p. 719.

收集的相关事宜，建立了快速预警系统监测和预警食品安全问题。①

2004 年 4 月，为给通用食品法制定相关细则，欧盟又公布了四个补充性的法规，并已于 2006 年 1 月 1 日生效。这些法规内容涵盖了 HACCP 体系、可追溯性、饲料和食品控制，以及从第三国进口食品的官方控制等方面的内容，被统称为“食品卫生系列措施”。主要包括:②

（1）欧洲议会和理事会第 852/2004 号条例，即《食品卫生法规》。该条例主要对欧盟各成员国之食品卫生法进行了协调，以确保食品在各个生产阶段的卫生标准的一致性。该条例对动物源性食品和用于人类消费的动物源性产品的卫生进行了特别规定。要求所有食品供应者（包括食品运输方和仓储方）均须遵守其附件一即“一般卫生规范”的规定，包括食品卫生证、运输条件、生产设备、厨余处理、供应水、人员卫生、包装、食品热处理及食品加工人员培训等。

（2）欧洲议会和理事会第 853/2004 号条例，即《供人类消费的动物源性食品具体卫生规定》。该条例系欧盟第 852/2004 号条例的补充，确立了动物源性食品生产、销售的卫生及动物福利等方面的特殊规定。其规范产品主要包括奶乳制品、蛋及蛋制品、水产品、软体贝类、肉类、禽类及其产品等。此外，该条例亦规定了生产、销售上述产品的工厂或场所须经主管机关登记、核准；屠宰场所则须遵守 HACCP 体系之规定；若该产品系第三国进口则须被列入核准第三国进口名单。

---

① Regulation(EC)No178/2002 of the European Parliament and of the Council of 28 January 2002, laying down the general Principles and requirements of food law, establishing the European Food Safety Authority and laying down procedures in matters of food safety . Official journal of the European – Union L31, 1. 2. 2002, p. 1.

② 浙江省标准化研究院编：《欧盟食品安全管理基本法及其研究》，中国标准出版社 2007 年版，第 25 页。

（3）欧洲议会和理事会第854/2004号条例，即《供人类消费的动物源性食品的官方控制组织细则》。主要规范肉类、软贝类、鱼类、奶及乳制品等食品官方审查规范（包括卫生法规规范以及对HACCP的执行），以及核准从第三国进口国家名单相关规范（包括工厂及场所登记核准之规定）以及包装、标识及食品含特定微生物标准的规定。

（4）欧洲议会和理事会第882/2004号条例，即《确保符合食品饲料法、动物健康及动物福利规定的官方控制》。该条例主要涵盖官方控制及查验程序，以及建议欧盟委员会制定指导纲领，如HACCP体系的落实、饲料及食品符合相关法规的管理制度等；官方监控之抽样与分析方法必须符合该法规附件三所确定的评估标准，亦须符合欧洲标准委员会（European Committee for standardization，简称CEN）所制定的标准；与进口有关的规定，如建立进口核准清单、食品及饲料风险清单、未符合法规物品退运扣押及销毁的规定；欧盟对成员国执行监控措施的辅助等。截至2006年2月，欧盟已经制定了13类173个有关食品安全的法规标准，其中包括31个法令、128个指令及14个决定。

可见，欧盟食品安全法律体系主要分为两个层次：第一个层次是以食品安全基本法及后续补充发展为代表的食品安全领域的原则性规定；第二个层次则是在以上法规确立的原则指导下形成的一些具体的措施和要求。而对于具体要求的立法，欧盟又通过两种途径进行：首先是普遍性立法，即针对所有的食品的一般方面（如添加剂、标签、卫生等）；其次是专项性立法，即专门针对某些产品（如可可粉和巧克力产品、食糖、蜂蜜、果汁、新奇食品等）的立法。例如，为了推动有机农业发展，从而实行食品标签制度，1991年欧盟制定了关于有机农产品生产和标识的指令（EEC2092/91），对有机农业和有机农产品的生产、加工、标识、贸易、检查、认证及物品使用等全过程作出了规定。[①]

作为原则性规定的《食品安全白皮书》是欧盟和各成员国制定食品安全管理措施以及建立欧洲食品安全管理机构的核心规范，且白皮书中各项建议所提的标准较高，在各个层次上具有较高的透明性，以便于所有执行者实施，其向消费者提供了对欧盟食品安全政策持有信心的最基本保证，同时使得欧洲食品安全管理体制更加协调和一致，奠定了欧盟食品安全体系实现高度统一性的基础。[②]而《食品卫生系列措施》的制定，对欧盟食品安全法律作了进一步分析，细化了食品生产、流通及销售的监督检测程序；各项措施的制定从法律上肯定了“从农场到餐桌”的全过程控制管理原则，明确了食品生产者在保证食品安全中的重要职责，对食品从原料到成品储存、运输以及销售等环节提出了具体明确的要求，从而杜绝食品生产供应过程中可能产生的任何污染。

（二）德国食品安全法律制度

德国食品安全法律体系的显著特点是：“食品安全法律法规的颁布和执法监督、研究鉴定实行权限分立、职能分开”。[③] 食品安全法律法规由联邦议会和国会通过颁布。联邦各州是食品安全法律执行情况的监督主体。食品安全的问题评估和科学监督的主体是负责医疗卫生的消费者保护和兽医的联邦机构，它还提供相关的信息材料和 HACCP 方案的咨询。

德国食品安全法律体系涉及全部食品产业链，包括植物保护、动物健康、善待动物的饲养方式、食品标签标识等。德国在食品安

---

① 秦富、王秀清、辛贤、肖海峰等著：《欧美食品安全体系研究》，中国农业出版社 2003 年版，第 65 页。

② Commission of the European Communities, White Paper on Food Safety, on Brussels, 12January 2000. 29 – 30.

③ 冒乃和、刘波：《中国和德国的食品安全法律体系比较研究》，载《农业经济问题》2003 年第 10 期，第 75 页。

全的法律建设中构架了四大支柱，它们互相补充，构成了范围广泛的食品安全法律体系的基础。

第一是德国食品安全的核心法律——《食品与日用品法》(Lebensmittel und Bedarfsgegen - staendegesetz)。该法为食品安全其他法规的制定提供了原则和框架，主要目的是“全面保护消费者，避免食品、烟草制品、化妆品和其他日用品危害消费者健康，损害消费者利益”，最后一次修订于1997年9月9日。

第二是《食品卫生管理条例》（Lebensmittel - hy - giene Verordnung)。它是《食品与日用品法》的配套法规和细则，公布于1997年8月5日，详尽规范了涉及食品安全的方方面面，具有很强的针对性和可操作性。

第三是《危害分析关键控制点（HACCP）方案》（Hazard Analysisand Critical Control Point - Konzept)。该方案对食品企业自我检查体系和义务作了详细规范，对食品生产和流通过程中可能发生的危害进行了确认、分析、监控，从而预防任何潜在危险，或将危害消除以便降低到认可的程度，保证食品安全。HACCP体系是以预防为主的食品安全有效控制体系。FAO/WHO的《国际食品法典》（Codex Alimentar - ius）推荐采用HACCP体系，已经得到国际权威机构和主要发达国家的认可。

第四是食品卫生良好操作规范的《指导性政策》。它是欧盟统一的食品安全法案——《欧洲议会指导性法案93/43/EWG》在德国的具体化，属于辅导性措施，以企业自愿为原则，由德国标准研究院（DIN）和相关行业协会颁发。①

在食品安全法律体系的四大基础支柱之上，德国颁布了一系列法规和标准，再加上在德国适用的欧盟法案，形成了法理严密、权限清楚、惩罚分明、可操作性强的德国食品安全法律体系。包括

① 冒乃和、刘波：《中国和德国的食品安全法律体系比较研究》，载《农业经济问题》2003年第10期，第75页。

《畜肉卫生法》、《畜肉管理条例》、《混合碎肉管理条例》、《鱼卫生条例》、《奶管理条例》、《蛋管理条例》、《德国食品汇编集》以及《纯净度标准》（对食品添加剂）、《残留物最高限量管理条例》（对食品中有害物质残留）、《EG Nr258/97 法案》（对新型食品及转基因食品）、《植物保护法》。

值得一提的是，德国立法建立了食品安全链型的法律责任体系，即在食品链上的每个参与者都要承担与自己相应的健康保护、信息保护和防止欺诈保护的责任。① 产业链上的从生产者到食品最终消费者都有义务遵守相关法律的规定。欧盟立法中的食物链是指从饲料产业、畜牧业、食品生产和经营者、成员国的有关部门、非成员国的有关部门、欧盟委员会到消费者。德国在适用欧盟条例基础上，结合原有立法将食品安全责任分成两部分，即食品生产经营者和行政部门。欧盟委员会《食品安全白皮书》中规定，食品链上的所有职责必须得到明确规定，即饲料产业、畜牧业和食品生产经营者负食品安全的主要责任；国内的相关部门检查监督并保证前者的责任落实；欧盟委员会的主要职责是促使欧盟成员国的相关行政部门能有力执行；消费者自身必须对食品的正确保存、拿取、制备负责。这样就能保证食品链上“从生产者到消费者”，从饲料生产、原料初级加工、食品加工、仓储、运输直至销售的所有步骤都得到保证。

（三）英国食品安全法律制度

18、19 世纪之交，英国日益成为一个资本主义工业化国家。在取得了巨大经济成就的同时，英国的自由市场经济也带来了一系

① Heribert Benz, Verantwortung und Haftung im Lebens – mittelrecht unter besonderer Berücksichtigung der sog. Nich – tverursacher aus der Sicht des Straf – und Buβgeldrechts , Zeitschrift für das gesamte Lebensmittelrecht, 1989, S. 683ff; WalterZipfel, Die Sorgfaltspflicht im geltenden Lebensmittelrecht ,Zeitschrift für das gesamte Lebensmittelrecht, 1985, S. 211ff.

列的经济和社会后果。这一时期开始盛行的食品掺假现象就是其中之一。掺假，即生产商和销售商为了降低成本或实现利润最大化而蓄意在食品中添加某种不利于消费者健康的物质。1875 年《食品与药品销售法》（第 3 条）明确规定："任何人不得使用，也不得命令或允许他人使用对健康有害的物质对任何种类的、即将出售的食品掺杂、染色、污染或掺入粉末……"[①] 由此可见，食品掺假是 19 世纪英国面临的最主要的食品安全问题。

然而，对掺假问题的关注并不是首先从政治家开始的，由于职业和技术上的原因，化学家和医生走在了揭露和研究食品掺假问题的前列。所以，近代以来对食品安全问题的研究也是首先从他们开始的。1820 年，化学家弗雷德里克·阿库姆出版了《论食品掺假和厨房毒物》，[②] 这是英国第一部以科学的手段毫无偏见地讨论食品掺假问题的著作。分析化学家约翰·米歇尔经过 12 年的明察暗访于 1848 年出版了《论假冒伪劣食品及其检测手段》[③] 一书，在他所分析的面包样品中没有一份是不掺假的。

时至 19 世纪中期，英国的食品掺假达到了顶峰。在托马斯·威克利的主持下，著名的医学杂志《柳叶刀》于 1850 年组建"卫生分析委员会"，专门调查和报告"（英国）所有阶层消费的固体和流体食品"的质量，推动了英国社会反掺假运动的开展。[④] 反

---

① 1875 年《食品与药品销售法》（Act of Sale of Food and Drugs. 38&39 VICT. CH. 63. 1875）是英国第一部得到有效实施的食品监管法。

② Frederick Accum, A treatise on adulterations of food and culinary poisons. London: Longman, 1820.

③ John Mitchell, A Treatise on the Falsifications of food, and the Chemical Means Employed to Detect Them, 1848.

④ 《柳叶刀》（Lancet）是当今世界上最具有权威性的医学期刊之一，1823 年由托马斯·威克利（Thomas Wakley）创办。创刊之初，《柳叶刀》就十分关心英国的公共卫生事业，直接推动了 19 世纪中期英国的公共卫生改革。

掺假运动的领袖人物、医生阿瑟·哈塞尔受命主持调查。从1851年1月至1854年末，哈塞尔的调查结果作为卫生分析委员会的报告全文刊登在《柳叶刀》杂志上。后来这些调查报告汇集成册出版，即1855年推出的《食品及其掺假：1851—1854年“柳叶刀”卫生分析委员会的报告》一书。[①] 哈塞尔医生在英国历史上第一次运用显微镜分析食物的样品，发现了食品中含有许多毫无营养价值甚至是有毒的物质，为反掺假运动提供了有力的支持。为此，1908年克莱顿推出哈塞尔医生的个人传记，以纪念他对英国公共卫生改革和反食品掺假运动作出的贡献。[②]

到了20世纪，人们对于19世纪英国食品掺假状况与民间反掺假运动的研究日趋全面。弗雷德里克·菲尔比的《食品掺假与分析史》一书是英国的第一部食品掺假史，全面记述了19世纪以来英国的食品掺假现象。[③] 当代英国著名食品社会史学者约翰·伯纳特专门撰文研究了19世纪英国的食品掺假史和反掺假运动，并特别关注了当时的英国面包、茶叶与啤酒的掺假状况。[④]

19世纪英国学者对于食品掺假问题的研究与宣传，使得英国政府日益认识到当时严峻的食品安全形势。英国政府因此逐步将食品安全监管纳入政府的社会管理职能中，建立和完善了有效的食品

---

① Arthur Hill Hassall, Food and its adulterations; comprising the reports of the analytical sanitary commission of 'The Lancet' forthe years 1851 to 1854. London: Longman, 1855.

② E. G. Clayton, Arthur Hill Hassall, physician and sanitary reformer, a short history of his work in public hygiene and of themovement against the adulteration of food and drugs. London: Ballière, Tindall and Cox, 1908.

③ Frederick Filby, A History of Food Adulteration and Analysis, George Allen and Unwin, 1934.

④ John Burnett, "The History of Food Adulteration in Great Britain in the Nineteenth Century, with Special Reference to Bread, Tea and Beer", Historical Research, Volume 32, Issue 85, May 1959, pp. 104 - 109.

安全监管体系。而制定和实施食品安全立法与政策则是英国食品安全监管的制度基础，也是其合法性和公信力的基础。所以，对于英国食品安全立法的研究，则成为学者们研究英国食品安全监管的重中之重。

1860 年英国颁布《地方当局反食品和饮料掺假议会法》，该法授权地方当局打击各地的食品掺假和掺毒行为，但并不是强制执行，是一部不具有约束性的法律。1872 年《禁止食品、饮料与药品掺假法》是一个过渡。它使近代英国的食品安全立法趋向强制性，直至 1875 年《食品与药品销售法》（SFDA）成为英国第一部得到有效实施的食品安全法。它所确立的许多原则和措施，被当今的食品安全法所继承和发展，“被公认为是现代食品立法的基础”，是现代英国食品安全立法的先驱。[①] 由此，《食品与药品销售法》在 19 世纪末即被美国学者认为是当时“英国及其他国家中最好的一部食品法”。[②] 事实上，《食品与药品销售法》也正是这样一部食品立法。根据伯纳特的研究，《食品与药品销售法》实施后，英国的食品掺假程度大大降低。这一点在《丰裕与贫乏》一书中得到了很好的阐述。[③] 所以，《食品与药品销售法》理所当然地成为英国食品立法史研究的重要内容之一。对此，英国学者把重点放在了该法令的形成和实施的历史过程上。

关于《食品与药品销售法》的形成，离不开当时一位重要的改革家约翰·波斯特盖特（1820—1881 年）。波斯特盖特是 19 世纪后期英国一位著名的反食品掺假活动家。2001 年，他的曾孙推

---

① Katharine Thompson, The Law of Food and Drink. Shaw&Sons 1996, p. 6. Iain MacDonald&Amanda Hulme, Food StandardsRegulation: the New Law, Jordans 2000, p. 3.

② Bigelow, W. D. “The Development of Pure Food Legislation”.

③ John Burnett, Plenty and Want: a social history of food in England from 1815 to the present day, pp. 232 - 234.

出的《致命锭剂与垃圾茶叶：约翰·波斯特盖特（1820—1881）传记》一书[①]，重点记述了波斯特盖特在1854—1880年间直接推动和参与了1860年《食品法》和1875年《食品与药品销售法》的制定，为提高当时的食品安全作出不朽贡献的历史事实。这部著作仅有百余页，却向我们再现了一幅19世纪后期英国食品改革运动的图景：波斯特盖特医生21年（1854—1875）如一日"坚持不懈，不断地去游说、劝说和说服（中央和地方的政治家），以及著书立说、讲演和证实（掺假食品）"，"直到一个不情愿的政府被迫采取切实有效的措施"，"获得一部他非常满意的议会法令"。[②]

关于《食品与药品销售法》的实施，主要涉及主持食品安全监管政策的制定及实施的中央机构——地方政府委员会（LGB）。[③]《食品与药品销售法》经过1899年的修正后，授权中央政府在地方当局有令不行或玩忽职守的时候干预和强制执行食品安全法令。这一干预的权力分别由英格兰与威尔士地方政府委员会和苏格兰地方政府事务委员会执行。

关于地方政府委员会的具体权力，19世纪末就已经有学者作了具体阐述。[④] 从中我们可以看出，地方政府事务委员会对于地方当局具有调查权、立法权、间接调控财政权以及"半司法权"，因此它"对于提高地方当局的行政效率具有很大的影响力"。那么，

① Postgate, John, Lethal Lozenges and Tainted Tea: A Biography of John Postgate (1820 - 1881), Brewin Books, 2001.

② John Postgate, Lethal Lozenges and Tainted Tea, pp. 72, 59.

③ 即Local Government Board（LGB），近代英国负责处理公共卫生、疾病预防、公民出生、死亡与婚姻登记、劳工住房和地方税收等涉及地方的事务的机构。前身是成立于1834年的济贫法委员会，1871年改为此名称，1894年分设英格兰与威尔士地方政府委员会和苏格兰地方政府事务委员会。第一次世界大战后，地方政府委员会被卫生部所取代。

④ Milor. Maltbie, "The English Local Government Board", Political Science Quarterly, Vol. 13, No. 2. (Jun., 1898), pp. 232 - 258.

在食品安全监管职能上，地方政府委员会是如何执行它的权力的？对此，格拉斯哥大学经济与社会史教授迈克尔·弗仑奇和吉姆·菲利普斯在《掺假与食品法：1899—1939》一文中作了较为详细的研究。[①] 后来，在《苏格兰的食品安全体制：1899—1914》一文中，两位学者还对地方政府委员会指导地方当局实施食品安全监管的策略进行举例说明。[②] 通过两位学者的研究，我们发现地方政府委员会在监督地方当局的执法行动，强化中央政府实施食品安全法令上的确发挥了主导作用，并且取得了明显的效果。需要说明的是，在19世纪后期的食品安全监管方面，除了制定和实施食品立法外，还见诸于公共卫生立法体系中。对于这一点，斯蒂芬.J.法洛斯在《英国食品立法体制》一书中作了说明。例如，1875年《公共卫生法》就作出了有关“不卫生食品”的规定。1907年《公共卫生（食品规章）法》则是对这些规定的延续与强化。这种双轨制直至1938年《食品与药品法》的颁布才得以结束。1938年《食品与药品销售法》把食品卫生立法与当时的食品掺假立法有机地融合在一起，成为一部名副其实的食品安全法。[③]

英国食品安全法经历了战争时期这样一个特殊的阶段。战争时期英国食品面临的最大安全问题是食品短缺。食品部应运而生，在

---

① Jim Phillips and Michael French, “Adulteration and food law, 1899 - 1939”, 20 Century British History, Vol. 9, No. 3, 1998 pp. 350 - 369.

② Michael French and Jim Phillips, “Food safety regimes in Scotland, 1899 - 1914”, Scottish Economic&Social History, 2002, Vol. 22 Issue 2, pp. 134 - 157.

③ Fallows, Stephen J., Food Legislative System of the UK, Butterworths 1988, p. 33.

全国范围内实行食品控制政策。对此，英国学者做了不少研究。[①]而在第二次世界大战时期英国食品安全立法即1938年《食品与药品法》不但继续生效，而且还被1943年《国防（食品销售）条例》所巩固。关于这一点，早在20世纪50年代，英国第二次世界大战史研究专家R. J. 哈蒙德就已经注意到。[②]一些学者指出，该条例的出台的确使“（通过）更专门和更详细的立法以确定食品质量和标识的标准”成为现实。[③]这一观点被斯蒂芬. J. 法洛斯所证实，因为他发现1984年《食品法》中的很多条款是对1943年《国防（食品销售）条例》的继承与发展。[④]显然，《国防（食品销售）条例》把英国的食品安全立法向前推进了一大步。

第二次世界大战后，英国于1955年再次制定了《食品与药品法》。它在英国实施了30年，1968年被《药物法》修正后，不再适用于药品管理，英国食品安全法从此成为单一的专门立法。1972年，英国加入欧共体，其食品立法不可避免地受到欧共体相应立法的影响，由此大大增加了英国立法的复杂程度，也加大了人们理解的难度。因此，时值1875年《食品与药品销售法》通过一百年之

① 第一次世界大战结束后，关于食品控制的主要著作有：A. L. Bowley, Prices and Wages in the United Kingdom, 1914 - 1920, ClarendonPress 1921; E. M. H. Lloyd, Experiments in State Control at the War Office and the Ministry of Food, Clarendon Press 1924; F. H. Coller, A State Trading Adventure, Oxford University Press 1925; W. H. Beveridge, British food control, Oxford University Press1928。20世纪80年代英国学者对第一次世界大战食品政策进行了重新归纳和阐释，即L. M. Barnett, British Food Policy During the First WorldWar, Allen&Unwin 1985.

② R. J. Hammond, Food. Vol. II. Studies in administration and control, London 1956, pp. 252 - 258.

③ Iain MacDonald&Amanda Hulme, Food Standards Regulation: The New Law, Jordans 2000, p. 3.

④ Fallows, Stephen J. , Food Legislative System of the UK, p. 34.

际，英国农业、渔业和食品部（MAFF）于1975年10月邀请了相关专家对一个世纪以来的英国食品立法展开了讨论，以解答人们对于英国食品法的迷惑。这次讨论的成果便是1976年出版的论文集《食品质量与安全：一个世纪的进步》。① 该书共收录了13篇论文，分别从中央政府、地方当局、食品业和消费者的角度发表了对英国食品安全立法的看法，讨论了百年来英国食品立法的发展史，分析了当前英国食品监管体制的利弊，如贾尔斯撰写的《英国食品立法的发展》、耶洛利斯撰写的《食品安全：一个世纪的进步》、哈罗德·伊根撰写的《一个世纪的食品分析》和埃文斯撰写的《法律的实施》等。② 对于这部论文集，有人评论说，它使英国政府向其民众"清晰而又简洁地解释了食品法"。③

1984年《食品法》被认为是一部"陈旧的法律"，因为它仅仅是巩固了过去30年适用于英格兰和威尔士的立法，主要是继承了1955年《食品与药品法》的内容。④ 英国学者也承认，1984年《食品法》本身"就是来源于古老的、简易的和过时的原则"。⑤ 显然，在处理由食品生产技术革新而带来的安全问题时，1984年《食品法》明显不足。面对民众的质疑，英国政府于1989年7月发布了题为"食品安全：保护消费者"的白皮书。对于这部白皮书，英国学者多持批判态度，因为"在这份长达68页的文件中，只有5页谈到食品监管法中的变化。其余的篇幅是概括现存的食品

---

① Food quality and safety, a century of progress: proceedings of the symposium celebrating the centenary of the Sale of Food andDrugs Act 1875, London, October 1975, chairman Lord Zuckerman. London: HMSO, 1976.

② Giles, "The Development of Food Legislation in the United Kingdom"; Yellowlees, "Food Safety: A Century of Progress"; HaroldEgan, "A century of food analysis"; Evans, "Enforcing the Law".

③ Book Reviews, Analyst, vol. 102, Dec. 1977, p. 985.

④ Iain MacDonald&Amanda Hulme, Food Standards Regulation, p. 5.

⑤ Food Safety: Protecting the Consumer, CM 732. 1989.

监管体制……称赞政府对当前（食品安全）问题的反应及时。”① 换言之，白皮书向人们传达的信息是现在的食品安全机制已经相当成熟，不需要进行重大的变革。

所以，英国政府对于英国当时的食品安全机制充满信心。这种信心充分体现在1990年《食品安全法》中。关于1990年《食品安全法》，有学者指出，“（1990年）法令的名称稍稍有点误导，因为法令本身处理的是与食品有关的具有全局性的问题……而不仅仅是‘安全’”，而且为其他专门的食品安全立法提供了基本框架。② 这一评论恰恰表明了英国的食品立法体制发生了重大变革。从法学的角度来看，笔者认为，英国1990年之前的食品立法可以称之为“食品安全监管法”，因为这些法令是针对行政相对人设定的以“假定、处理、制裁”为主要表达模式的“强法”，而1990年《食品安全法》则是针对立法机构和政府部门设定的，是以“纲领方针政策”为主要特征而不直接体现罚则的“软法”。“软法”的内容是以贯穿到“强法”和食品安全行政管理中为主要目的的。这一类法律被称之为食品安全基本法，被认为是现代食品安全法发展的主要方向。③

当然，1990年《食品安全法》也有其不完善之处。一个重要的方面是，它把负责食品安全的主导权授予了英国农业、渔业和食品部。在该法案讨论之初，工党议员就对此提出异议，要求组建独立的食品安全机构。当时工党议员提出，在食品安全上，“政府有着糟糕的记录”，“如果不对MAFF进行改革，而去努力提高食品安全是很不现实的”，“几乎所有与食品卫生和消费者保护有关的

---

① Colin Scott, “Continuity and Change in British Food Law” The Modern Law Review, Vol. 53, No. 6. (Nov., 1990), pp. 786 - 787.

② Dominique Lauterburg, Food Law: Policy&Ethics, London 2001, p. 57.

③ 关于“强法”和“软法”，请参阅叶永茂：《中国食品安全立法的若干思考与建议》，载《药物评价》2006年第4期，第246页。

组织都支持（建立）一个与政府保持一定距离的独立的食品安全机构”。时任农业大臣的格玛粗暴地拒绝了这一要求。[①] 英国学者无疑注意到了这一事实。[②] 所以，当1996年英国“疯牛病”事件[③]发生后，农业部备受责难，被认为是导致“疯牛病”危机暴发的主要原因之一。[④] 所以，1999年《食品标准法》着力要求组建独立的食品安全机构。2000年，一个半官方的食品安全机构——“食品标准局”应运而生。对于这一变革，英国学者给予了高度评价，认为它是“‘疯牛病’危机的一个主要的积极后果”，而食品标准局无疑是一个为消费者谋利益的独立机构。[⑤]

这样，从1955年《食品与药品法》到2000年食品标准局的成立，在这近50年的时间里，英国逐步确立了由1990年《食品安全法》主导下的食品安全体制。而食品标准局至少在形式上是一个保护公众健康，以消费者利益至上为原则的食品安全机构。

（四）美国的食品安全法律规制

美国早期涉及食品安全的有关法律是从英国继承而来的。1202年，英国第一部食品法——《面包法》颁布，规定严禁在面包里掺入豌豆粉或蚕豆粉造假。美国联邦政府对药品的管理最早始于1820年。当时11位医师在华盛顿特区召开会议，制定《美国药典》——这是美国第一部标准药品法典。1880年，美国农业部首

---

① Dr David Clark vs John Gummer, H. C. Debs,. Vol. 167, Cols. 1032 – 1033 (March 8 1990). in http://www.publications.parliament.uk/pa/cm198990/cmhansrd/1990-03-08/Debate-3.html.

② Katharine Thompson, The Law of Food and Drink. Shaw&Sons 1996, p. 14.

③ 1996年英国暴发的“疯牛病”危机（Mad Cow Crisis）是当代欧洲一次严重的食品安全事件。它使消费者信心遭受重创，对英国造成了巨大的经济损失和严重的社会恐慌。

④ Committee of the BSE Inquiry, BSE Inquiry Report, Volume 1: Findings and Conclusions, “Key conclusions”. in http://www.bseinquiry.gov.k.

⑤ Andrew Rowell, Don't Worry: It's Safe to Eat, London 2003, p. 14.

席化学家彼得·科利尔对掺假食品进行调查后，建议通过一部全国性的食品和药品法。该议案当时被驳回。在随后的25年中，国会提出了100多个关于食品和药品的议案，并不断有单项法律获得通过，如1897年通过了《茶叶进口法》，1902年通过了《生物制品控制法》。国会还拨专款给政府化学局，研究防腐剂和色素对健康的影响。这些研究引起人们对食品掺假问题的广泛关注，公众对通过一部联邦食品和药品法的支持率大大提高。

从美国建国到19世纪早期，由于资本主义经济尚未大规模发展，与食品有关的商业贸易多限于各州境内。因此，当时主要由州政府负责对食品的生产和销售活动进行监督，而联邦政府则主要负责管理食品的出口。到了19世纪中晚期，由于资本主义大工业的迅猛发展，食品贸易由各州扩展至全国。在巨额利润的驱使下，在食品市场出现了制伪、掺假、掺毒、欺诈现象。在公众的重压之下，1906年6月30日，美国通过了第一部《食品和药品法》。该法禁止生产和销售冒牌和掺假的食品、饮料和药品。当天，还通过了《肉类检查法》。由于当时肉类加工厂卫生条件差，食品中含有有毒防腐剂和染料，这类法律适时出台迎合了市场的要求。此后，不断有修正案获得通过。同时，按照《农业拨款法》规定，将食品、药品和杀虫剂管理局简称为食品和药品管理局。但是由于食品行业的强烈反对，在这两部法律中并没有对食品标准问题作出规定。《食品和药品法》中还有一个所谓的“特殊名称附带条款”，根据这一条款，食品商在制造传统食品的时候，可以随意加入别的原料，然后再起一个特别的名称就可以了。这样，人们无法通过食品的标签或者外观来判断其成分或者质量。一些消费者权益保护组织纷纷行动起来要求国会制定新的食品法律以保护消费者的生命和健康权益。

1933年，食品和药品管理局建议彻底修正已过时的1906年出台的《食品和药品法》。1938年国会通过了《联邦食品、药品和化妆品法》。该法包含许多新条款：管理范围扩大至化妆品和医疗器

械；要求新药上市前必须被证明是安全的；开创药品监管的新体制；对不可避免的有毒物质，要明确安全限度；授权对食品的特性、质量和容器制定标准；授权对工厂进行检查等。该法案对食品安全监管体制做了较大的调整，扩大了食品与药品管理局在食品安全监管方面的权力，奠定了美国现代食品安全监管体制的基础。《联邦食品、药品和化妆品法》颁布以后，有关部门加强了对食品安全的监管。此后出台的与食品安全有关的法律都以该法所确立的基本框架为前提，或者对该法的部分条款进行修改，或者对某种食品的管理专门作出规定，以应对食品安全领域不断出现的新问题。

1944 年，美国国会通过了《公共健康服务法》。该法涉及的健康问题十分广泛，包括生物制品的监管和传染病控制。1945 年，《青霉素修正案》要求食品和药品管理局检验并保证所有青霉素制品的安全性。后来，修正案将该要求扩展到所有的抗生素。1983 年，此种控制已无必要，该法案被废除。此后，《食品添加剂修正案》、《色素添加剂修正案》、《药物滥用控制修正案》和《婴儿食品配方法》等相继出台，使涉及食品和药品安全的法律日臻完善。

目前，美国有关食品安全的法律既有《联邦食品、药品和化妆品法》、《公共卫生服务法》、《食品质量保护法》等综合性法律，也有《联邦肉类检查法》、《禽类产品检验法》、《蛋类产品检验法》等具体性法律。这些法律法规涵盖了所有食品，为食品安全制定了具体的标准以及监管程序。

美国涉及食品和药品安全的法律法规由国会授权的食品和药品管理局、美国农业部的食品安全检验署和动植物卫生检验署以及美国环境保护署等负责监督和落实。食品和药品管理局的管辖范围比较广——除食品安全检验署管辖范围之外的所有食品。食品安全检验署负责确保肉禽蛋制品的安全。环境保护署的任务包括保护消费者免受农药危害，改善有害生物管理方式；任何食品或饲料中含有食品和药品管理局不允许的食品添加剂等，或含有环境保护署农药残留限量超标的都不允许上市。动植物卫生检验署在美国食品安全网中的主要任务是，防止植物和动物带有有害生物和疾病。①

食品和药品管理局相当于最高执法机关，由医生、律师、微生物学家、药理学家、化学家和统计学家等专业人士组成，致力于保护、促进和提高美国的国民健康。该局约有1万名正式员工，其中2100名是有学位的科学家，包括900名化学家和300名微生物学家。食品和药品管理局每年监控的产品价值高达1万亿美元，相当于美国国民每年消费总额的1/4。食品和药品管理局有1100名有执照的稽查员，受他们监督的美国国内公司约有9.5万多家。其中每年有1.5万家公司接受食品和药品管理局抽查，以确保这些厂家产品的生产过程符合法规及产品的标签正确无误。②

（五）日本的食品安全法律体系

2003年3月13日，《食品安全基本法（草案）》作为内阁提案被提交到众议院，后经众议院审议，几经修改，于4月22日通过了该法案。4月23日提交参议院，经审议，5月16日参议院通过。国会在历时两个多月的审议之后，于5月23日公布《食品安全基本法》（2003年第48号法律），自7月1日起施行。《食品安全基本法》后经2003年5月30日第55号法律，6月11日第73号法律、第74号法律，2006年3月31日第25号法律、第26号法律，2007年3月30日第8号法律多次修订。《食品安全基本法》由两大支柱构成：第一是明示确保食品安全的指针（基本理念、相关主体的责任和作用以及政策制定的基本方针），所以该法是基本法；第二是在内阁府下设置食品安全委员会。③

---

① 常燕亭：《主要发达国家食品安全法律规制研究》，载《内蒙古农业大学学报》（社会科学版）2009年第5期，第40页。

② 刘爱成：《美国食品安全法的历史》，http://www.foods.com/content/641779/。

③ 参见［日］食品安全法令研究会编：《食品安全基本法概说》，行政厅2004年版，第4页。

日本《食品安全基本法》的建构有三大基本理念，基本理念作为食品安全法的指导思想，指引着法规的基本原则和基本框架的设立，影响着食品安全法的整体面貌。结合《食品安全基本法》的规定，日本食品安全法的基本理念大致包括以下三个方面：国民健康至上；过程化的规制；科学与民意并用。下面分述之。

首先，国民健康至上理念。日本《食品安全基本法》第3条明确规定："保护国民健康至关重要。要在这一基本认识下，采取必要的措施确保食品安全。"保护消费者利益理念最初来自于日本《消费者保护法》。1981年日本将《消费者法》改名为《消费者保护法》，以此来突出对消费者权益的根本的、确实的保护。《食品安全基本法》适时援用了《消费者保护法》的核心理念，并将该理念转化上升为国民健康至上理念，明确了消费者的三大基本权利：第一，购买到安全食品的权利；第二，选择安全食品的权利；第三，参加食品安全行政的权利。①

这三大基本权利又可以从以下五个方面来理解：一是确保消费者安全；二是确保消费者自主地、合理地选择安全食品的机会；三是向消费者提供必要的信息和教育机会；四是将消费者意见反映在食品安全行政中；五是当发生消费者被害事件时，能采取恰当而又及时的救济措施。②

但是，要想真正从程序的角度来落实对消费者基本权利的保护并不是一件容易的事情。因此，如何将法律制度具体化和现实化，就成了国民健康至上理念在实施过程中所遇到的最大困难。有的日本学者为此建议应将消费者基本权利分为实体权利和手段权利分别考察，其中确保安全性权利和选择性权利为实体权利，而信息提供

① ［日］山口志保：《消费者的权利宣言》，载《法律时报》第66卷4号，第64页。

② ［日］神山美智子：《食品安全委员会为何存在?》，载《世界》第778号，第114页。

权利和听取意见权利为手段权利，通过手段权利的实施来保障实体权利的实现。①

其次，日本食品安全法倡导过程化的规制理念。日本《食品安全基本法》第4条规定："鉴于从生产农林水产品到销售食品等一系列国内外食品供给过程中的一切要素均可影响到食品的安全，应当在食品供给过程的各个阶段适当地采取必要措施，以确保食品的安全。"这就是"从农田到餐桌"的过程化规制理念。使生产者、加工者、运输者、销售者和消费者在确保食品安全和质量方面都发挥其应有的作用。

食品安全是一项"从农场到餐桌"的系统的、过程化的管理工程。食品从生产、种植、制造到存储、运输再到批发、销售，最后到消费者食用，这是一个类似于"食物链"的过程，任何一个环节出现了安全事故，都可能将其危害带到最后一个环节，而且食品的安全性可能在从生产到销售的任意一个环节出现问题，因而食品安全的规制应当过程化，在整个食品供给过程的各个环节都要采取适当措施，以确保消费者食用的食品的安全。但是，过程化管理并不是一个单纯的理论概念，在其实际操作中也存在诸多困难。例如，克服饲料生产、农场操作、加工、分配和消费之间可能存在的较长的时间差问题；克服饲料生产、农场操作、加工、分配和消费之间可能存在的地理差异问题等。②

---

① ［日］加贺山茂：《消费者的权利实现的方法与规则》，载长尾治助编：《消费者法讲座》，法律文化社2001年版，第196页。

② 参见［日］松木洋一著：《食品安全经济学》，日本经济评论社2007年版，第28～30页。

因此，有必要在食品安全规制的政策制定过程中构建一个符合自我完善的过程（PDCA）：目标→计划（Plan）→实行（Do）→确认（评价）（Check）→完善（Action）。这一理念一方面为日本《政策评价法》[①] 所具体化，另一方面体现在食品安全的规制过程

① 日本政府于 2001 年 6 月制定了《关于行政机关实施政策评价的法律》（简称《政策评价法》），并于 2002 年 4 月正式实施。日本《政策评价法》有 5 章内容，共 22 条。主要规定了政策评价的准则、政策评价对象的界定、政策评价的原则及政策评价结果的运用；政策评价实施的基本方针，明确了政策评价的手段与方法、理论基础及具体的措施；政府各部门政策事前和事后评价的计划和内容；总务省在政府各部门评价的基础上对涉及各部门之间政策进行评价的计划与实施情况；政策评价结果的汇报制度、政策评价的理论研究及政策评价信息的共享等方面的内容；最后的附则具体规定了《政策评价法》实施的具体日期，并提出三年后对该法的实施情况进行评估，以便作出进一步完善的计划。该法律的框架清晰，结构合理，系统而完整地规定了政府政策操作的规程，为日本政府的政策评价制度建构确立了坚实的法律基础。参见董幼鸿：《日本政府政策评价及其对建构我国政策评价制度的启示——兼析日本〈政策评价法〉》，载《理论与改革》2008 年第 2 期，第 71 页。

中 HACCP[①]、GAP[②] 等方法的应用，在这些方法中均有改进的要求。根据科学技术和企业的自我管理水平的变化，食品安全规制亦应随之变化，在科学技术和企业的管理水平提高之后，事前规制就应缓和，而不能一成不变。根据科学的不确定性和食品安全的可变性特色，食品的安全标准也要定期作出新的评估，根据新的科学结论，修改相应的安全标准。这种反思性过程对于改善食品安全规制具有积极的意义。

---

① HACCP 是一个应用于整个食品供给流程的各个阶段的管理机制，是危害分析与关键控制点（Hazard Analysis Critical Control Point）的缩写。HA（Hazard Analysis），即危害分析，是指在食品制造过程中，从原材料到最终制品的整个工序中对发生微生物污染等危害的可能性进行调查分析。CCP（Critical Control Point），即关键控制点或重要管理点，在制造工序的各个阶段，为了获得较有安全性保障的制品，特地在某些点上进行重点管理控制。HACCP 应用在从初级生产至最终消费的整个过程中，通过对特定危害及其控制措施进行确定和评价，从而确保食品的安全。HACCP 是 20 世纪 60 年代美国为开发安全的航天食品而应用的食品卫生管理方法，被认为是控制由食品引发疾病的最经济的方法，并就此获得国际粮农组织和世界卫生组织食品法典委员会的认同，在国际上推广开来。

② GAP（Good Agricultural Practice），即良好农业规范。是一种以食品安全、环境保护、劳动安全、提高农产品质量为目的，对农业生产进行过程化管理的方法。GAP 认证起源于欧洲。1997 年欧洲零售商协会农产品工作组（EUREP）在零售商的倡导下提出 GAP 的概念，2001 年 EUREP 秘书处首次将 EUREP GAP 标准对外公开发布。EUREP GAP 作为一种评价用的标准体系，目前涉及水果蔬菜、观赏植物、水产养殖、咖啡生产和综合农场保证体系。EUREP GAP 作为大型超市采购农产品的评价标准，不仅在欧洲零售商业内受到青睐，而且受到越来越多的政府部门的重视。GAP 的内容是以危害分析与过程控制点形式规定相关良好农业生产行为和条件，并充分赋予可持续发展和不断改进的新理念，避免在农产品生产过程中受到外来物质的严重污染和危害，充分体现与履行企业或组织的社会责任。这种动态管理、循序渐进、自我完善的 GAP 方法对于提高消费者、食品企业对农产品安全性和质量的信赖起到了积极作用。

日本《食品安全基本法》的第三大理念是科学与民意并用理念。该法第5条规定："要确保食品的安全，应充分考虑食品安全的国际动向和国民意见，根据科学认知采取必要措施，防止因摄取食品对国民健康造成不良影响。"这就说明，无论是在风险评估阶段还是风险管理阶段，确保食品的安全性都必须倚重科学和尊重民意。

在现代社会中，没有科学理论和技术标准的指导，很多事务都会走弯路甚至会误入歧途。食品安全规制的最终目的在于将可能对国民健康造成不良影响的安全隐患消灭于萌芽状态。这就要求，食品安全规制措施必须建立在科学的基础之上，以及在对公共健康和食品安全状况进行客观如实的评估之后，独立于其他社会经济和政治压力之外而作出评判。食品安全规制需要倚重大量的科学理论和调查数据，而不是依靠某个人的直观感受和表面判断。通过各种专家对各种问题的表面现象和本质进行深入的理论分析，从而能得到一个更为专业和科学的评估，以便能考虑到更多的可能会影响食品安全的因素，并在对这些因素和数据进行反复分析和比较的基础上作出一个经得起推敲和考验的决策。[①] 同时，食品安全规制也要尊重民意。尊重民意是现代政府得以有效运行的基础，因为政府本身就是由民众授权而组成的，以维护绝大多数民众的利益为价值取向。[②]

此外，日本食品安全法的最大特色就是引入了风险分析的方法。所谓风险分析，是指"食品中含有危害，摄取后有可能对人身健康造成不良影响时，为了防止其发生或者降低其风险的观点。它由风险评估、风险管理和风险沟通三要素构成，三要素相互作

① 参见［日］德田博人：《强化食品安全法体系的方向——视点与课题》，载《法律时报》第80卷第13号，第59页。

② 参见［日］鬼头弥生：《食品安全問題研究——确保食品安全相关问题的更好的风险沟通》，载《农业与经济》第75卷第12号，第114页。

用，可以获得较好的效果。”①

风险评估，是指“对摄取含有危害的食品有多大的概率、在多大程度上会对人身健康造成不良影响而进行的科学评估。”② 根据日本《食品安全基本法》的规定，在制定食品安全规制措施时，应当对各项措施进行风险评估。评估主要是对食品本身含有或加入到食品中的影响人身健康的生物学的、物理学的、化学的因素和状态进行评估，判断其对人身健康的影响。

风险管理，是指“管理者根据风险评估的结果，与所有相关者达成协议，基于对技术实行的可能性、成本效益、国民情感等各种事项的考虑，为降低风险而采取适当的政策和措施”。③ 风险管理体现为一种过程化，在这一过程中，管理者要权衡可以接受的、减少的或者降低的风险性，并选择和实施适当的规制措施。风险管理是以对影响健康的不良因素的发生概率和程度的预判为前提的，而并不是保障零风险的实现。在实际操作过程中，风险管理有三个决定因素：一是风险评估的科学因素，二是成本效益分析的经济因素，三是国民情感的心理因素。为了确保这些因素之间的有效连接，相关人员之间必须要在风险沟通中达成交流协议，从而决定实现风险管理的可能性。④

风险沟通，是指“在风险分析的整个过程中，风险管理机关、风险评估机关、消费者、生产者、企业、流通、零售等相关主体从各自不同的立场相互交换信息和意见。风险交流可以加深对应予讨

---

① ［日］食品安全委员会：《食品安全性相关用语集》，行政厅 2008 年版，第 5 页。

② ［日］食品安全委员会：《食品安全性相关用语集》，行政厅 2008 年版，第 5 ~6 页。

③ ［日］食品安全委员会：《食品安全性相关用语集》，行政厅 2008 年版，第 6 页。

④ ［日］木间清一编：《食品的安全性评价考量》，光生馆 2006 年版，第 73 页。

论的风险特性及其影响的相关知识，使风险管理和风险评估有效地发挥功能。”[①] 食品安全规制是以保护消费者利益为目的的，而在整个风险规制的过程中，只有风险交流环节是直接与消费者相接触的。因此可以说，风险交流是消费者实现和保护自我权利的有效环节。在这一过程中，消费者既可以了解食品安全信息和政府的食品安全政策，也可以将食品的使用心得和意见反映给各食品相关主体。这种双向的信息沟通渠道不仅有利于风险管理机关和风险评估机关制定、修改食品安全政策，以及食品相关企业改善食品的安全性和加强产品的监管力度，还有利于消费者积极参与到食品安全规制中来，实现食品安全法赋予的权利和义务。

日本在食品安全规制制度方面也具有很大的特色。日本建立食品过程化管理制度，其中包括 HACCP 承认制度、GAP 的倡导制度和食品安全追溯制度；食品标识制度，包括义务标识与任意标识、生鲜食品和加工食品标识、食品标识的一体化机制、食品标识的监督和处罚机制；食品安全标准制度、肯定列表制度；食品安全信息收集制度；食物中毒报告制度以及特殊食品的安全规制制度，包括健康食品、特定保健用食品、转基因食品、进口食品等。

二、国外食品安全法律规制原则

各国关于食品安全的立法和实施方面所特有的法律规制原则各有特色，如欧盟所遵守的法律原则主要是保障人类生命与健康原则、保护消费者利益原则、预防原则；而统领日本食品安全法律规制的基本原则主要侧重于法治原则、风险分析原则、各负其责原则和预防原则。在此我们就各国普遍认同的几项重要原则做一梳理。

---

① ［日］食品安全委员会：《食品安全性相关用语集》，行政厅 2008 年版，第 6 页。

（一）保障人类生命与健康原则

随着食品生产与贸易的全球化，消费者的食品安全意识越来越强。连续的食品安全危机使得食品安全和公众健康已然成为消费者的最大忧虑。正是基于这个原因，欧盟才迫切地对食品安全制度进行改革，希望通过建立一整套机制保证食品安全，以提升消费者的信心。所以，欧盟及其成员国坚持将保护消费者健康作为其食品安全管理中的基本原则，把消费者健康保护和利益放在极其重要的位置。《欧共体条约》第 52 条规定，所有的欧盟政策和活动都应当保证对人类健康的高水平保护，而欧盟第 178/2002 号条例也将其作为立法的基础原则直接加以引用。

这种坚持以人类生命和健康为首要保护目的的立法导向，使得欧盟在食品安全的立法和实践方面更加侧重于对食品安全本身的保护，即所谓提供给欧盟消费者安全和健康的食品是欧盟食品立法的出发点，整个法律体系都围绕确保所有的欧洲消费者食用同样高标准的食品这个目标来建立和实施。与此同时，欧盟还要求其相关机构和成员国组织积极同消费者进行沟通，确保消费者及时了解相关信息而具有选择的权利，做到食品安全信息的透明化；同时欧盟还发起了消费者健康和食品安全行动，努力向消费者提供各种涉及其健康保护的科学建议，使公众明了欧盟及成员国在保障食品安全方面的立场、态度和责任，也让公众注意到自己在食品安全中所扮演的重要角色，从而能够努力减少由于未知食品风险因素而导致的食品安全事故。

（二）预防原则

预防原则是世界各国均在自己的食品安全法里推崇的一项重要原则。1996 年以来，欧洲接连发生“疯牛病”、口蹄疫、二恶英等一系列食品安全事件，由此引发了欧洲消费者的恐慌和对食品安全的信赖危机，人们意识到：在现代社会中，面对食品领域出现的潜在的科学研究和评估还不能完全解释的风险，食品安全的确保不再是强调对问题食品和安全事故的事后紧急应对和救济，而是要将可能对健康造成不良影响的因素，通过预防措施控制在未然之初。只有在此基础上，通过风险分析手法，才能最大限度地利用现有的食品安全规制资源，控制食品风险并保证食品安全。

"预防原则"（precautionary principle）概念最早始于20世纪80年代德国的预防保健法则。当时，德国正开展生态学争论，按照一些人的观点，即使不存在不安全的科学证据，人们也必须对环境问题（也可以推及其他形式的风险）采取措施。其核心是社会应当通过认真的提前规划阻止潜在的有害行为来寻求避免破坏环境。随后，预防原则发展为国际环境保护法和一些国家环境保护法的基本原则之一，[①] 它要求在采取行动或作出决策之前，应基于"科学发现"或方法，或者根据当时可掌握的知识和数据。这些标准表明采取行动或作出决策之前必须有可靠的证据证明巨大的环境损害将会发生，否则就不需要采取任何行动或决策。[②] 1992年，《里约环境与发展宣言》中首次明确提出了预防原则："为了保护环境，各国应根据它们的能力广泛采取预防性措施。凡有可能造成严重的或不可挽回的损害的地方，不能把缺乏充分的科学肯定性作为推迟采取防止环境退化的费用低廉的措施的理由。"[③] 之后，预防原则逐步扩展到其他生态领域甚至食品安全领域。

所谓的预防原则是一项行动原则，其是指将来很可能发生损害健康的后果，或者以现有的科学证据尚不足以充分证明因果关系的

① 彭荣飞：《风险与法律：食品安全责任的分配如何可能》，载《西南政法大学学报》2008年第2期，第47页。

② 陈维春：《国际法上的风险预防原则》，载《现代法学》2007年第5期，第115页。

③ 《里约环境与发展宣言》，http://news.xinhuanet.com/ziliao/2002-08/21/content_533123.htm，2010年1月3日最后登录。

成立，为了预防损害的发生而在当前时段采取暂时性的具体措施。[①]

在2000年2月2日发表的《欧盟委员会关于预防原则的通讯》中，欧盟委员会针对预防原则的应用制定了清晰有效的指导。由于该法案并未正式在官方公报上公布，因而其只具有建议性质，作为欧盟立法趋势的参照。而欧洲议会和理事会第178/2002号条例正式规定了预防原则的具体应用。欧盟第178/2002号条例中食品安全法的一般原则部分第7条规定："在特定的环境下，经可获得信息的评估确定可能对健康具有不利影响但科学证据不很充分时，共同体将采取临时的风险管理措施以保证高水平的健康保护，等以后取得更多的科学信息时再进行更全面的风险评估。为达到高水平的健康保护而采取的适当的临时性措施，不得对贸易造成更多的限制。应考虑技术和经济的可行性，以及能够考虑到的合理性因素。随着对生命或健康风险的认识和不断丰富的科学信息便于进行更全面的风险评估时，应及时将该措施修正。"[②] 根据欧盟委员会的意见，当通过科学或客观的评估，识别某一现象、产品、加工的潜在危险影响，同时这种评估并不能足够肯定地确定该危险，此时预防原则就可以应用。

应用预防原则主要涉及两方面的内容，即是否采取预防措施和采取何种预防措施。在是否采取预防措施的决策上，主要涉及触发因素，而触发因素又包括潜在风险和科学的不确定性两方面。潜在风险是指因科学证据不足或因科学证据本身特征不能完全证明或量

---

① 参见［日］岩田伸人:《预防原则的概念与国际的讨论》，载梶井功编:《关于食品安全基本法的讲座和论点》，农林统计协会2003年初版，第108页。

② Regulation(EC)No178/2002 of the European Parliament and of the Council of 28 January 2002,laying down the general Principles and requirements of food law, establ ishing the European Food Safety Authority and laying down procedures in matters of food safety,Article 7. Chapter Ⅱ. p. 7.

化，或对其影响无法确定的风险。只有当潜在风险存在，才有是否采用预防原则的问题，因此主张援用预防原则之前，首先应对与风险相关的科学数据进行评估。科学的不确定性主要是指目前科学家对于未来环境将如何变化所出现的各种可能的情况还不能给予充分肯定，如大气中二氧化碳浓度倍增后的全球与地区效果，人类活动对环境变化的影响及环境承受能力与科技进步前景等，都属于科学的不确定性问题。①

欧盟委员会强调，任何情况下，预防原则不得作为恣意武断决定的借口，只有发生了潜在的风险并且不能证明任何一种决策是正确的时候，预防原则才可以被使用。另外，为了减轻预防原则对食品在欧洲市场自由流通所造成的阻碍，欧盟要求该原则必须在欧盟一级确立统一的标准。因此，只有当满足以下三个初步条件时——能够确定潜在的不利影响、通过评估能获得的科学资料、评估科学不确定性的程度，方可应用预防原则。预防原则强调了人类健康的首要位置，使得欧盟对食品安全的关注焦点和解决方式的选择上发生了重大的变化，其还通过转移科学举证责任，使管理者摆脱了面对潜在风险进退两难的被动局面。当然，预防原则很有可能成为贸易保护主义的有力武器。

（三）风险分析原则

"风险至少是伴随工业社会的产生而产生，甚至是有可能早在人类社会自身刚刚诞生时就已经浮现了。所有的有主体意识的生命都能够意识到死亡的危险。人类历史上各个时期的各种社会形态从一定意义上说都是一种风险社会。"② 正是基于这样的理论基调，

---

① 肖肖：《欧盟食品安全预警原则研究》，载《中国动物检疫》2004年第12期，第4页。

② ［德］乌尔里希·贝克：《从工业社会到风险社会——关于人类生存、社会结构和生态启蒙等问题的思考》，王武龙译，载薛晓源、周战超主编：《全球化与风险社会》，社会科学文献出版社2005年版，第60页。

人们认为在一个风险社会的食品安全领域中，任何食品都不可能是“零风险”的，而以科学性的风险分析为基础，实现对食品安全的规制就显得十分必要。①

“风险”一词最初来源于西班牙语，原指“没有航海地图而出海”的意思。其本身并不是只具有“不安全、危险”的负面意义，还含有“冒险（风险）挑战”的正面意义。而当乌尔里希·贝克于1986年首次提出“风险社会”理论之后，“风险”一词就被赋予了更多的含义，进而引申出了“风险规制”的理念。“可以说我们生活在风险社会，该社会赋予了风险新的含义，使它与以前的历史时代中所使用的风险区别开来，在这一问题上甚至存在‘集体的风险狂热’。也可以说，我们生活在‘规制国家’中，在这样的国家中，政府作为规制者的职能在增强，其作为直接雇主或财产所有者的职能在下降，风险与安全成了主要规制的增长点。”②

具体到食品安全领域，美味与风险便是相伴相随的一对矛盾体。例如，具有剧毒的河豚肝脏与其美味的鱼肉如窗纸一般一碰即破，过分地摄入食盐会导致高血压或者促使癌症的发作，对高能量物质的追求则是导致高血脂疾病的罪魁祸首。所以，食物对于人类来说其实一直都存在太多的神秘性和未知性。即使按照食物的正确摄取方法而食用该食物，同样还是会存在损害健康的可能性，而这种可能性也就是我们所说的“风险”。因此，在当今世界已经不存在“零风险”食品的前提下，如何在食品安全行政中引入风险规制手法，在多大程度上允许风险的存在，如何将风险最小化等问题已经成为食品安全行政中最需要解决的核心问题。1995年，在联

① 参见陈君石：《食品安全的现状与形式》，载《预防医学文献信息》2003年第2期，第126页。

② ［德］克里斯托弗·胡德等：《风险社会中的规制国家：对风险规制变化的考察》，周战超译，载薛晓源、周战超主编：《全球化与风险社会》，社会科学文献出版社2005年版，第196页。

合国粮食及农业组织和联合国卫生组织召开的共同食品规格委员会中，首次提出在食品安全领域中进行风险分析的新原则。该原则认为，食品安全领域的风险是客观存在的，但是风险是可以人为地加以控制的。风险分析原则就是通过风险评估、风险管理、风险沟通三大步骤最大限度地降低风险发生的概率。[①] 美国的食品风险分析已开展多年，其重点是通过控制有关添加剂、药物、杀虫剂等对人类健康有潜在危险的化学物质以及其他有害物质来保障食品供应。[②] 当然，与世界各国的风险分析原则类似，美国的食品风险分析也包括风险评估、风险管理和风险沟通三个方面。

同时，为了更好地实现对食品安全的风险分析效果，美国的法律还要求食品在进入市场前必须确定食品添加剂、动物药品和杀虫剂的使用不会引起危害，而对于食品中固有的有害成分或不可避免的食品污染，则要求管理机构进行干预。[③] 联邦管理机构每年都会举行年度会议，共同商讨综合的、以风险为基础的年度食品抽样检测计划，以测定药品和化学物在食品中的残留，检测结果将作为标准制定和其他进一步行动的基础。

（四）各负其责原则

由于食品是从生产制造到储存、运输再到餐桌的过程，食品安全的保障是一项系统而复杂的工程，这就需要明确各个参与主体在整个系统工程中的责任，使每个环节都能做到各负其责、通力合作。日本食品安全规制中的一个重要基本原则就是明确国家、地方公共团体、食品相关企业者和消费者的责任。首先，明确规定国家

---

① 参见韩春花、李明权：《浅谈日本的食品安全风险分析体系及其对我国的启示》，载《外国农业》2009 年第 6 期，第 71 ~ 72 页。

② M. L Stecchini, M. Torre. The Food Safety Management System. Veteri - nary Research Communications, 2005(8):117 - 121.

③ 薛庆根：《美国食品安全体系及对我国的启示》，载《经济纵横》2006 年第 2 期。

和地方公共团体的责任，并且清楚界定了二者责任的不同。国家应根据《食品安全基本法》的规定，对综合制定、实施食品安全政策承担责任。[①] 而地方公共团体则根据该法的规定，并在与国家食品安全职责进行合理分工的基础上，负有制定、实施与其区域诸多自然、经济、社会条件相适应的政策的责任。[②]

其次，各国食品安全法规中都相应地规定了食品相关企业者的责任。以日本食品安全法为例，其食品相关企业者主要承担以下三项责任：第一，食品相关企业者在从事肥料、农药、饲料、饲料添加剂、动物用药以及其他影响食品安全的农林渔业生产资料、食品、添加剂、器具或容器包装的生产、运输、销售以及其他企业活动时，应当根据基本原则的要求，认识到确保食品安全是其第一责任，并在食品生产供给的全过程中采取必要而又有效的规制措施，以确保食品的安全。第二，食品相关企业者在从事企业活动时，应努力提供与食品安全等有关的正确而适当的信息。第三，食品相关企业者应协助国家、地方公共团体实施与其企业活动相关的食品安全规制措施。[③]

当然，这里需要强调的是食品相关企业者与国家、地方公共团体的责任性质有着根本的区别。食品相关企业者只是承担努力提供必要信息和协助食品安全规制措施的实施的责任，从性质上讲属于自愿性责任，带有相当程度的任意性。另外，食品相关企业者也要承担其社会使命，促进其在社会发展中的作用。所谓企业的社会使命，是指企业在创造利润并对股东负责的同时，还应承担起对劳动者、消费者、环境、社区等利益相关方的责任。[④] 这就要求企业不

① 日本《食品安全基本法》第6条。

② 日本《食品安全基本法》第7条。

③ 日本《食品安全基本法》第8条。

④ ［日］森田浩一：《安心、安全、CSR：从风险管理考察食品制造业的形势》，载《ISO管理》第108号，第23页。

能只追求经济利益，必须承担应有的社会使命，才能保证其具有长久不息的生命力。食品相关企业者的社会使命分为三个阶段：第一，食品相关企业者要充分理解《食品安全基本法》、《食品卫生法》、《健康促进法》、《药事法》、《食品标识法》等法律法规，并在此基础上制定一整套生产、制造、销售以及应对顾客索赔的相应的规章制度；第二，食品相关企业者要在法律和科学的双重指导下进行企业经营活动；第三，食品相关企业者要在充分考虑到产品的生产方法、形态、包装材料和地理环境等前提下，充分发挥商品的实用性。①

最后，规定了消费者的责任。2002 年，日本厚生劳动省发出通知指出，“消费者在得到特定保健用食品的正确信息的基础上，要充分了解其含义，并作出正确的选择”。可见，消费者主动了解食品的安全知识是其首要的责任。日本《食品安全基本法》也首次明确规定了消费者在确保食品安全方面的作用，“消费者应当努力地深刻理解食品安全知识，同时对食品安全政策表达自己的意见，发挥其确保食品安全的积极作用。”② 消费者是食品的最终享用者，是整个食品安全规制的服务对象和受益体。因此，建立一个成熟、健全和科学的消费理念体系，有助于食品安全规制措施的有效实施，对保障食品安全具有积极而深远的意义。

第二节　我国食品安全监管制度现状与启示

一、我国食品安全监管制度演变过程及现状

从不同的角度，食品安全行政监管可划分为不同的模式，如从

① 参见［日］清水俊雄主编：《食品安全的制度与科学》，同文书院 2006 年版，第 191 页。

② 日本《食品安全基本法》第 9 条。

监管主体数量和权力配置的角度，可以划分为多部门联合监管模式和独立监管模式；在多部门监管模式中，从监管主体分工方式的角度，可以划分为分段监管模式和品种监管模式。[①] 目前，我国食品安全行政监管体制采用“多部门联合、分段监管”模式，即由多个部门共同管理，实施分段监管的食品安全监管体制。这是由于历史原因形成的，具有很强的制度惯性。

新中国成立以来，我国食品安全行政监管体制经历了从无到有、从计划经济时代的管理体制到市场经济条件下的多部门联合、分段监管体制的演变过程。在计划经济体制下，凡是有行业主管部门的食品生产、经营部门，如轻工部、粮食部等，食品安全管理权限的划分就直接按照食品企业的主管关系来进行划分。1979 年颁布的《食品卫生管理条例》规定卫生部门、工商行政管理部门、食品生产经营主管部门、国家商品检验局等有关部门加强对食品卫生的管理。1983 年 7 月 1 日开始施行的《食品卫生法（试行）》首次在总则中规定国家实行卫生监督制度，但也规定了“食品生产经营企业的主管部门负责本系统的食品卫生工作，并对执行本法情况进行检查”，[②] 并没有完全取消各类主管部门对食品卫生的管理权限。

1995 年 10 月，《食品卫生法》由试行法调整为正式法律，明确了食品卫生监管执法的行政权属性，虽然并没有将食品卫生监督管理权完全授予卫生行政部门，但终归确立了卫生部门的主导地位，同时废除了原有政企合一体制下主管部门的相应管理职权。[③] 1998 年国务院政府机构改革中，按照“定职能、定机构、定编制

① 曾祥华：《食品安全监管主体的模式转换与法治化》，载《西南政法大学学报》2009 年第 1 期。

② 《食品卫生法（试行）》第 18 条。

③ 刘鹏：《中国食品安全监管——基于体制变迁与绩效评估的实际研究》，载《公共管理学报》2010 年第 2 期。

的”“三定”方案，原来由卫生部承担的食品卫生国家标准的审批和发布职能与国家粮食局研究制定粮油质量标准、制定粮油检测制度和办法的职能都转交给了新成立的国家质量技术监督局执行，而农业部门则依然负责初级农产品生产源头的质量安全监督管理，原质量技术监督部门的流通领域的商品质量监督管理职能划归到工商部门，这种调整为后来的分段监管体制奠定了基础。

2004 年国务院下发的《关于进一步加强食品安全工作的决定》(国发〔2004〕23 号，以下简称《决定》) 与中央编制委员会办公室《关于进一步明确食品安全监管部门职责分工有关问题的通知》(中央编办发〔2004〕35 号，以下简称《通知》) 正式确立了“一个监管环节一个部门监管”的原则，采取了“分段监管为主、品种监管为辅”的方式。即农业部门负责初级农产品生产环节的监管；质检部门负责食品生产加工环节的监管，将由卫生部门承担的食品生产加工环节的卫生监管职责划归质检部门；工商部门负责食品流通环节的监管；卫生部门负责餐饮业和食堂等消费环节的监管；食品药品监管部门负责对食品安全的综合监督、组织协调和依法组织查处重大事故。按照责权一致的原则，建立食品安全监管责任制和责任追究制。为了便于加强部门之间的协调沟通，《决定》明确了建立健全食品安全组织协调机制，统一组织开展食品安全专项整治和全面整顿食品生产加工业；进一步搞好与有关监管执法部门的协调和配合，加强综合执法、联合执法和日常监管等方面的内容。在“地方政府负责”方面，《决定》强调地方各级人民政府对当地的食品安全负总责，统一领导、协调本地区的食品安全监管和整治工作。

2008 年 3 月，全国“两会”确定了大部门体制的改革方向，以期解决行政管理中“九龙治水”的弊病。“大部门体制，就是在政府的部门设置中，将那些职能相近、业务范围趋同的事项相对集中，由一个部门统一管理，首先指向的就是解决政出多门的问题。”① 反映到食品安全监管领域，根据国务院相关“三定规定”②，卫生行政部门与食品药品监管部门在食品安全工作中的职责对调，明确卫生部负责食品安全的综合协调，工商总局、质检总局、食品药品监管局等部门各负其责，分段监管的食品安全监管仍然延续，更加强调食品安全监管的综合协调。

2009年出台的《食品安全法》第4条对食品安全综合协调机构作出了专门规定：国务院设立食品安全委员会，其工作职责由国务院规定。主要职责为分析食品安全形势，研究部署、统筹指导食品安全工作；提出食品安全监管的重大政策措施；督促落实食品安全监管责任。国务院卫生行政部门承担食品安全综合协调职责，负责食品安全风险评估、食品安全标准制定、食品安全信息公布、食品检验机构的资质认定条件和检验规范的规定，组织查处食品安全重大事故。国务院质量监督、工商行政管理和国家食品药品监督管理部门依照本法和国务院规定的职责，分别对食品生产、食品流通、餐饮服务活动实施监督管理。

二、我国食品安全监管的主要制度安排

本书对我国食品安全法律法规中涉及的重要制度和原则进行了系统分析。

（一）明确构建风险监测和风险评估制度

首先，《食品安全法》确立了食品安全风险监测制度，包括：

---

① 朱光磊：《大部门体制：向服务型政府转变的新变革》，http://www.xinhuanet.com.2008年3月12日访问。

② 国务院“三定规定”，即国务院常务会议于2008年6月25日审议通过了国务院部分部门的“三定”规定。国务院部门“三定”规定是国务院部门主要职责、内设机构和人员编制规定的简称，是具有法律效力的规范性文件，是国务院部门履行职能的重要依据。

一是进行常规的监测。具体是国务院卫生行政部门会同国务院其他有关部门制定、实施国家食品安全风险监测计划。省、自治区、直辖市人民政府卫生行政部门根据国家食品安全风险监测计划，结合本行政区域的具体情况，组织制定、实施本行政区域的食品安全风险监测方案。二是进行非常规的监测。在接到其他有关部门通报的食品安全风险信息后，国务院卫生行政部门应当及时对信息进行核实，经核实后及时调整食品安全风险监测计划。

其次，我国《食品安全法》明确规定，国家建立食品安全风险评估制度，对食品、食品添加剂中生物性、化学性和物理性危害进行风险评估。本法规定，国务院卫生行政部门负责组织食品安全风险评估工作，成立由医学、农业、食品、营养等方面的专家组成的食品安全风险评估专家委员会进行食品安全风险评估。为了保证食品安全风险评估的结果得到利用，《食品安全法》规定，食品安全风险评估结果作为制定或者修订食品安全标准和对食品安全实施监督管理的科学依据。风险评估得出食品不安全结论的，监管部门应依据各自职责立即采取措施，确保该食品停止生产经营，并告知消费者停止食用。需要制定、修订相关食品安全国家标准的，国务院卫生行政部门应当立即制定、修订；国务院卫生行政部门应当会同国务院有关部门，根据风险评估结果和食品安全监督管理信息，对食品安全状况进行综合分析，对可能具有较高程度安全风险的食品，国务院卫生行政部门应提出食品安全风险警示，并予以公布。风险评估具体分为四个步骤：第一步，危害识别，确定哪些物质对人体健康构成危害；第二步，危害特征描述，研究这种物质被摄入人体后是如何危害人体健康的；第三步，摄入量评估，确定摄入多少这种危害物质才能对人体健康构成危害；第四步，危险性特征描述，研究这种物质对消费者健康的危害到底有多大。

（二）统一制定国家食品安全标准

食品安全标准，是指为了保证食品安全，对食品生产经营过程中影响食品安全的各种要素以及各关键环节所规定的统一技术要求。①

食品安全标准是保障公众身体健康和生命安全的强制性标准，其体系包括国家标准、地方标准和企业标准，不再允许规定食品安全方面的其他标准。负责食品安全标准制定的部门应该积极主动地研究制定相关食品安全标准，已经制定的，应该根据情况的变化及时进行修订，以保障公众身体健康和生命安全。

《食品安全法》规定，制定食品安全标准，应当以保障公众身体健康为宗旨，做到科学合理、安全可靠。该法第23条规定："食品安全国家标准应当经食品安全国家标准审评委员会审查通过。食品安全国家标准审评委员会由医学、农业、食品、营养等方面的专家以及国务院有关部门的代表组成。制定食品安全国家标准，应当依据食品安全风险评估结果并充分考虑食用农产品质量安全风险评估结果，参照相关的国际标准和国际食品安全风险评估结果，并广泛听取食品生产经营者和消费者的意见。"并规定食品安全国家标准由国务院卫生行政部门负责制定、公布，国务院标准化行政部门提供国家标准编号。并且将食品安全确定内容细化，分为：（1）食品、食品相关产品中的致病性微生物、农药残留、兽药残留、重金属、污染物质以及其他危害人体健康物质的限量规定；（2）食品添加剂的品种、使用范围、用量；（3）专供婴幼儿和其他特定人群的主辅食品的营养成分要求；（4）对与食品安全、营养有关的标签、标识、说明书的要求；（5）食品生产经营过程的卫生要求；（6）与食品安全有关的质量要求；（7）食品检验方法与规程；（8）其他需要制定为食品安全标准的内容。

为了统一规范食品安全标准的制定和部门责任，我国《食品安全法》第21条规定："食品安全国家标准由国务院卫生行政部

---

① 信春鹰主编：《中华人民共和国食品安全法释义》，法律出版社2009年版，第47页。

门负责制定、公布，国务院标准化行政部门提供国家标准编号。食品中农药残留、兽药残留的限量规定及其检验方法与规程由国务院卫生行政部门、国务院农业行政部门制定。屠宰畜、禽的检验规程由国务院有关主管部门会同国务院卫生行政部门制定。有关产品国家标准涉及食品安全国家标准规定内容的，应当与食品安全国家标准相一致。”同时，本法第22条规定：“国务院卫生行政部门应当对现行的食用农产品质量安全标准、食品卫生标准、食品质量标准和有关食品的行业标准中强制执行的标准予以整合，统一公布为食品安全国家标准。本法规定的食品安全国家标准公布前，食品生产经营者应当按照现行食用农产品质量安全标准、食品卫生标准、食品质量标准和有关食品的行业标准生产经营食品。”

可见，对于食品安全国家标准，国务院卫生行政部门要专门负责制定和公布，同时统一食品国家标准的编号。对于各种细化的农药、兽药残留以及畜、禽屠宰的过程也要统一规范，这样我国《食品安全法》对于各种食品的加工、销售等方面通过诸如质量标准、卫生标准及各种行业标准加强食品的安全管理。

（三）规范食品检验行为，取消食品免检制度

我国《食品安全法》规定，食品检验机构按照国家有关认证认可的规定取得资质认定后，方可从事食品检验活动。食品检验机构的资质认定条件和检验规范由国务院卫生行政部门制定。食品检验由食品检验机构指定的检验人独立进行。检验人应当依照有关法律、法规的规定，并依照食品安全标准和检验规范对食品进行检验，尊重科学，恪守职业道德，保证出具的检验数据和结论客观、公正，不得出具虚假的检验报告。食品检验实行食品检验机构与检验人负责制，食品检验报告应当加盖食品检验机构公章，并有检验人的签名或者盖章。食品检验机构和检验人对出具的食品检验报告负责。

更为突出的是，《食品安全法》第60条规定：“食品安全监督管理部门对食品不得实施免检。县级以上质量监督、工商行政管

理、食品药品监督管理部门应当对食品进行定期或者不定期的抽样检验。进行抽样检验，应当购买抽取的样品，不收取检验费和其他任何费用。县级以上质量监督、工商行政管理、食品药品监督管理部门在执法工作中需要对食品进行检验的，应当委托符合本法规定的食品检验机构进行，并支付相关费用。对检验结论有异议的，可以依法进行复检。”

这样，自1999年运行的国家食品免检制度彻底废止。其实食品免检制度是我国产品免检制度的一个延伸。1999年国家质检总局按照国务院《关于进一步加强产品质量工作若干问题的决定》（国发〔1999〕24号）要求，制定了《产品免于质量监督检查管理办法》，规定对满足质量长期稳定在较高水平，执行的产品标准达到或者严于国家标准要求，经省级以上质量技术监督部门连续三次以上监督检查均为合格，具备完善的质量保证体系，生产经营符合国家法律法规的要求和国家产业政策，经济效益在本行业排名前列等条件的产品授予免检资格。产品质量国家免检工作每年进行一次，由国家质检总局公布当年度开展免检的产品类别目录，符合条件的企业自愿向所在地省级质量技术监督部门提出申请，由省级质量技术监督部门进行审查，国家质检总局征求有关方面意见并按规定的程序进行审定后，向符合规定条件的企业颁发免检证书，并向社会公布。

如果追根溯源的话，我国实行的产品免检制度与20世纪七八十年代兴起的政府评优或者有政府背景的社会评优有着密切的联系。早年的政府评优或者有政府背景的社会评优，在市场和非政府组织都不太发达、企业需要政府扶持、消费者需要政府引导的情势下，确实有将优质企业和产品推向市场、激励企业提升产品质量的实效。[①] 但是，评优的潜在危害性也日益暴露出来，主要表现在：

---

① 《宋健同志在国家质量奖审定委员会上的讲话（摘要）》，载《质量与可靠性》1989年第2期。

不断进行的评优工作干扰了企业的经营自主权，增加了企业的负担；在评优过程中出现了弄虚作假、花钱买优甚至有偿评奖等现象，这些现象也间接地影响了真正的优质企业和优质产品的发展。因此，国务院于1991年明令禁止进行各种评优活动。①

国务院下发的评优禁令虽然从形式上看可能有助于遏制上述现象，然而原来对企业和产品进行评优工作的观念并未因此改变：（1）因信息不对称而处于弱势地位的消费者，始终对某种形式的评优活动怀有渴望，以便于其节省产品挑选成本；（2）企业也希望用光鲜的标签来促进其产品的市场营销。于是，在评优禁令出台之后，"名牌产品"（中国名牌、世界名牌）、"著名产品"、"最有影响力产品"等评选活动仍层出不穷。免检制度下推出的免检产品其实只是其中的一种。

此外，刚开始在地方试行的免检制度也从未被认为是放弃监管，而是以延长检查周期的方式来减少对优质企业和产品的行政检查，以减轻企业的负担。正如有的学者所指出的："一些地方尝试在监督检查中根据企业的情况，对检查周期采取加严放宽的做法。即对质量不稳定产品，缩短检查周期；对经多次检查合格，质量稳定的产品，延长检查周期。在此基础上，一些地方开展了免检工作，对连续几年国家、省检查合格的产品，在一定时期内免于检查。"② 这样做的目的在于保护大型企业不至于因为频繁的、多部门的收费检查而疲于应付，甚至被拖垮。同时，政府也可以将其有限的质量监督力量投入到"问题企业"与"问题产品"上去。至于后来统一收归中央的免检制度，更是意在规范全国参差不齐的免检工作，削减免检产品审查的层次，缩小地方政府职能部门寻租的

---

① 国务院《关于停止对企业进行不必要的检查评比和不干预企业内部机构设置的通知》。

② 《〈免检办法〉产生的背景》，http:/www. cqvip. com/9k/91198x/200601/21235944. htm/。

空间，杜绝地方保护主义的影响。总之，扶优扶强、引导消费、减轻企业负担、减少行政成本、重点治理差劣、摆脱地方干预，是免检制度设计者的良好初衷。

但是，由于食品产量和质量需求的激增，加上消费主义对“品尝各种美味”（相对于以往的“克服饥饿，解决温饱”）的推崇，工业化不断改进食品工艺和技术，各种形式的化学制剂被添加到食品之中。更何况在从农田到餐桌的、复杂的食物生产链和供应链中，即便没有人为的添加行为，食物也有可能因为土地、水、空气、包装物等原因，而沾染上细菌、病毒、寄生虫、毒素等。世界卫生组织称，食源性疾病发病率呈上升态势，即便是在工业发达国家，每年患食源性疾病的人群比例已经超过 30%。在美国，估计每年发生的食源性疾病有 7600 万起，住院治疗的有 325000 人，导致死亡的有 5000 人左右。①

随着德国社会学家贝克提出风险社会的理论之后，人们普遍认为，在这样一个社会里，不仅主导型风险的来源和性质发生了变化，而且这样的变化还会带动日常生活、经济、政治、法律、文化、科学、道德、社会心理等方方面面发生变化。例如，对风险的“感知”决定了人的思想和行动。风险概念使过去、现在和未来的关系发生了逆转，过去已经无力决定现在，它作为今天经验和行为的归因地位已经被未来取代。人类社会也许还会研究历史的经验和教训是什么，但越来越多的话语和讨论是未来可能发生的危险让我们不应该做什么。风险概念是一种独特的知识与无知的结合：人们一方面在既有经验知识的基础上对风险进行评估；另一方面又是在风险不确定的情况下决策或行动。因此，普通民众需要依赖专家，因为对于技术风险如果没有专门的知识予以应对是不可想象的。然而，专家本身又经常会对同一个问题持不同或相反的意见。于是，

① See Food Safety and Foodborne Illness, http://www.who.int/mediacentre/factsheets/fs237/en/.

一方面每个人都隐约觉得风险与安全离自己很远，因为它不是自己所应思考和所能思考的事情；另一方面又觉得它离自己很近，因为它时时刻刻关系到自己的生死存亡，必须自己决断和行动。[①] 面对无所不在的风险阴影，面对风险转化为巨大灾难的随机性、突发性，国家、企业、非政府组织、家庭、个人等都不可能独立地去承担和处理它。因此，一个主体多元的、合作互补的、复合的风险治理机制也就成为必然的选择。[②]

而食品免检制度恰恰忽略了风险的主观性和社会建构性。由于食品免检制度忽略了风险的主观性以及影响风险感知的主观因素，因此当食品质量危机出现时，食品免检制度就成为众矢之的。众所周知，风险社会思想认为，现代性风险并不完全是物质存在，换言之，现代性风险在相当程度上是由社会定义和建构的。从统计学的角度看，风险是某个事件造成破坏或伤害的可能性或概率；从人类学、文化学的角度看，风险则是一个群体对危险的认知，考察风险的目的就在于弄清群体所处环境的危险性。由于知识本身是不断变化的，风险也是通过社会过程形成的，[③] 因此风险治理需要应对的不仅仅是客观危险的可能性，还包括风险的社会建构性。忽视这一点，在一个民主社会或以民主为目标的社会中，风险治理的决策和行动就会遭遇更多的批评。

"民以食为天"的古训已经道破了食品在人们心目中的地位。食品是人们每天都要接触的东西，它关系到人们的生命健康，一旦发生危机乃至灾难性事件，就会让较大范围内的人群极度害怕、担

① ［德］乌尔里希·贝克著：《风险社会再思考》，郗卫东译，载《马克思主义与现实》2002 年第 2 期。

② 杨雪冬：《全球化、风险社会与复合治理》，载《马克思主义与现实》2004 年第 4 期。

③ 杨雪冬：《全球化、风险社会与复合治理》，载《马克思主义与现实》2004 年第 4 期。

忧，风险在无形之中就被放大。食品免检制度恰恰是处于这样一个风险更容易被感知、被警惕的领域，其命运也就可想而知了。在免检制度的反对者中，大多数人都是冲着食品免检而去的。①

同时，食品免检制度本身存在风险。食品免检制度明显——至少在表面上——欠缺对制度本身风险的评估，尤其是欠缺对制度风险与食品质量风险的“合成风险”的评估。在当今社会，以风险来源为标准，风险可以分为自然风险、技术风险、制度风险、政策或决定风险以及个人造成的风险。② 任何制度都是人为设计的，以“人为的不确定性”为特征的现代性风险自然也会经常附着在制度之上。尤其是当自然风险、技术风险需要相应的技术、制度予以应对和治理时，后者又可能会产生更大的风险。这就是上文提及的风险社会的循环悖论。

免检制度的设计者在设计该制度之初表现出来的是对该制度风险缺少足够的警觉。设计者的设计理念始终围绕着制度的可能效益，而对其潜在的风险没有给予充分的重视、分析和评估。扶优扶强对那些中小企业会造成怎样的影响？是否会造成不公平竞争？在风险社会，工业化带来的风险不同于传统风险，人们也越来越希望借助公共治理体系（国家、公民、社会和企业）来应对这类风险，而不是以家庭、个人的力量去应对这类风险。因此，假设没有食品免检制度，当食品质量出现危机——这是难以完全避免的，消费者不仅会通过私法制度去谴责和追究食品生产者和经销者的责任，而且也会在公法维度上质问政府的监管能力。只不过由于存在政府事先并未向市场推荐“问题食品”，而有限的政府资源又不能确保所有食品在任何时候都是安全的辩护理由，因此可以缓解这样的质

① 齐鲁焰：《又是食品安全问题 食品免检当终结》，载《中国经济导报》2005 年 6 月 18 日。

② 杨雪冬：《全球化、风险社会与复合治理》，载《马克思主义与现实》2004 年第 4 期。

问。可是食品免检制度恰恰是在减少抽检频次的同时，负担起了政府向市场推荐优质食品的职责。可想而知，一旦被推荐食品出现问题，政府承担的责任就更大了。正是从这种意义上讲，食品免检制度与风险分散复合治理的原理相悖。

总之，由于我国食品免检制度在确立时对食品行业在风险治理优先次序中所处的位置，对风险的主观性和社会建构性以及食品风险的受关注度，对免检制度的制度风险以及制度风险与食品质量风险的合成风险，对风险治理的分散、复合体系等未给予充分的重视和研究，因此即使食品免检制度乃至产品免检制度再具有什么其他方面的绩效也不会为社会所容忍。

（四）强制披露（信息监管）制度

强制披露，也称信息监管，是指强迫食品生产经营者提供有关食品的名称、规格、净含量、生产日期、成分或配料表、质量、保质日期、警告或食用说明等方面的信息。

强制披露制度的作用在于：首先能够减少食品消费者的调查成本，为食品消费者提供“成本—收益分析”之后选择的自由，给食品消费者带来直接的福利；其次，通过不同食品生产经营商信息的强制披露，有助于促进食品市场的竞争，为食品消费者带来间接的好处。此外，食品信息披露也有助于某些非经济目标的实现，如公民“知情权”的实现。强制披露主要涉及以下几个方面：(1) 食品价格的强制披露，即明码标价；(2) 数量的强制披露，强调使用统一的度量衡；(3) 食品质量的强制披露，包括食品的成分或配料表以及其他相关质量指标。(4) 保质期或食用说明。不披露相关食品信息，或披露虚假或误导信息，均应承担相应的法律责任。

我国国家质检总局和国家标准化管理委员会于 2004 年颁布了《预包装食品标签通则》和《预包装特殊膳食用食品标签通则》，对预包装食品标签的内容规定必须予以强制披露。食品的标签、标识、说明书中的许多内容都直接或间接地关系到消费者食用时的安全，如名称、规格、净含量、生产日期、成分或配料表、生产者的名称、地址、联系方式、保质期、产品标准代号、储存条件、所使用的添加剂、生产许可证编号等，进行强制披露，可以使公众具有更多的知情权、选择权，以保证食品消费者自主选择，放心安全地消费。

（五）食品质量安全市场准入制度

为保证食品的质量合格，政府食品安全监管部门可以采取事先批准的方法，即未经食品安全监管机构的批准，不得从事一些与食品相关的活动。事先批准不同于其他的监管形式：首先，事先批准在先，即未经批准不得从事与食品相关的活动，其目的在于预防社会不期望的后果的发生；其次，对所有欲从事与食品相关的活动主体的潜在资质进行评估，从而确定是否达到要求的标准；再次，获得许可的代表性条件只是从事与食品相关的活动的最低标准，是统一的要求；最后，未经批准从事与食品相关的活动要受到严厉的惩罚。①

食品质量安全市场准入制度主要包括三项内容：一是对食品生产企业实施食品生产许可证制度。对于具备基本生产条件、能够保证食品质量安全的企业，发放《食品生产许可证》，准予生产许可证允许范围内的产品；凡不具备保证产品质量必备条件的企业不得从事食品生产加工。申请《食品生产许可证》的必备条件包括环境条件、生产设备条件、加工工艺及过程、原材料要求、产品标准要求、人员要求、储运要求、检验设备要求、质量管理要求、包装标识要求十个方面。《食品安全法》第 29 条、第 43 条即属此类监管措施。第 29 条明确规定，国家对食品生产经营实行许可制度。从事食品生产、食品流通、餐饮服务，应当依法取得食品生产许可、食品流通许可、餐饮服务许可。第 43 条规定，国家对食品添

① 马英娟著：《政府监管机构研究》，北京大学出版社 2007 年版，第 163 ~ 168 页。

加剂的生产实行许可制度。

二是对企业生产的出厂产品实施强制检验。未经检验或经检验不合格的食品不准出厂销售。对于不具备自检条件的生产企业强令实行委托检验。对出厂食品实施强制检验就是为了保证食品质量安全和符合规定的要求，以法律法规的形式要求企业或者监督管理部门为履行其质量责任和义务必须开展的某些检验。包括发证检验、出厂检验和监督检验三种。

三是对实施食品生产许可证制度的产品实行市场准入标志制度。对检验合格的食品加印（贴）市场准入标志，即QS（质量安全）标志，向社会作出“质量安全的承诺”。

（六）食品召回制度

所谓“食品召回”，是指食品生产者按照规定的程序，对由其生产原因造成的某一批次或类别的不安全食品，通过换货、退货、补货或修正消费说明等方式，及时消除或减少食品安全危害的活动。①

2007年8月27日我国正式实施《食品召回管理规定》，开始了不安全食品的召回。《食品安全法》第53条明确规定了我国“国家建立食品召回制度”。为保障实施食品召回制度，食品生产者应通过建立完善的产品质量安全档案，准确记录并保存食品生产、加工、销售等方面的信息，确保一旦发生食品安全事件，能够在第一时间找到事发的根源。

在食品召回分级方面，根据食品安全危害的严重程度，食品召回级别分为三级：一级召回：已经或可能诱发食品污染、食源性疾病等对人体健康造成严重危害甚至死亡的，或者流通范围广、社会影响大的不安全食品的召回；二级召回：已经或可能引发食品污染、食源性疾病等对人体健康造成危害，危害程度一般或流通范围

① 信春鹰主编：《中华人民共和国食品安全法释义》，法律出版社2009年版，第129页。

较小、社会影响较小的不安全食品的召回；三级召回：已经或可能引发食品污染、食源性疾病等对人体健康造成危害，危害程度轻微的，或者含有对特定人群可能引发健康危害的成分，而在食品标签和说明书上未予以标识，或标识不全、不明确的不安全食品的召回。①

同时，根据召回级别对食品召回的具体行动作出时限要求，以迅速有效地实现召回目的，最大可能地消除食品安全危害。食品召回分为两种，即食品的主动召回和监管部门的责令召回。食品的主动召回，是指食品生产者确认其加工制作的食品存在安全危害，决定实施主动召回的，应及时制订召回计划，提交所在地的省级监管部门备案。食品的责令召回，是指食品生产者故意隐瞒安全危害问题，不主动实施召回的，由于食品生产者的过错造成食品安全危害扩大或再度发生的，以及国家监督抽查发现不符合食品安全标准的食品，经调查、评估确认属于不安全食品的，由监管部门发出通知或公告责令企业召回不安全食品，并发布消费警示。在食品召回结果评估方面，食品生产者按规定程序完成食品召回后，应向所在地的省级质监部门提交召回总结报告，监管部门必须对召回效果作出评估认定。

实施食品召回是加强生产加工后续监管的一种有效措施。食品召回制度与食品质量安全市场准入制度相互配合、共同作用，对于进一步强化食品生产监管，有效应对食品安全突发事件具有非常重要的作用。

（七）强化生产经营者保证食品安全的社会责任

我国《食品安全法》确立了以下制度，以进一步强化食品生产经营者作为保证食品安全第一责任人的法定义务：（1）生产经营许可制度。本法规定，从事食品生产、食品流通、餐饮服务，应当依法取得食品生产许可、食品流通许可、餐饮服务许可。其中，

① 《食品召回管理规定》（质检总局令第98号）第18条。

从事食品生产活动的，应当到所在地的县级质量监督部门申请食品生产许可；从事食品流通活动的，应当到所在地的县级工商行政管理部门申请食品流通许可；从事餐饮服务活动的，应当到所在地的县级食品药品监督管理部门申请餐饮服务许可。（2）索票索证制度。《食品安全法》规定的索票索证制度包括以下四个方面的内容：食品原料、食品添加剂、食品相关产品进货查验记录制度，食品出厂检验记录制度，食品进货查验记录制度，食品进口和销售记录制度。实行索票索证是为了建立食品安全责任的追溯制度，通过食品、食品原料、食品相关产品的进出货记录，可以追查相关责任人，确保食品安全的全链条监管。（3）企业食品安全管理制度。《食品安全法》规定，食品生产经营企业应当建立健全本单位的食品安全管理制度，加强对职工食品安全知识的培训，配备专职或者兼职食品安全管理人员，做好对所生产经营食品的检验工作，依法从事食品生产经营活动。（4）食品召回制度。食品的生产者在得知其生产的食品可能危害消费者的健康安全时，依法向政府部门报告，及时通知消费者，并从市场和消费者手中收回不安全食品。《食品安全法》明确规定了不安全食品召回制度，包括企业主动召回和政府责令召回。

同时，我国《食品安全法》也体现了全面性原则、预防原则和透明化原则。

首先，我国《食品安全法》中体现了全面性原则的思想。1985年的《食品卫生法》在设定时仅就食品卫生的标准、管理、监督、法律责任四个环节作了粗线条的规定，在遭遇具体食品安全问题时因缺乏相应的法律规定而显得捉襟见肘，不能沉着应战。食品从生产、制造到存储、运输到批发、销售，最后到消费者的食用，这是一个类似于“食物链条”的过程，任何一个环节出现了安全事故，都可能将其危害带到最后一个环节，而且食品的安全性并不是在最后一个阶段——消费阶段才产生问题的，从生产到销售到消费的整个流程——在全球化的背景下这一问题更显复杂——都有可能威胁食品的安全。《食品安全法》引入了食品安全风险分析机制，将食品生产经营、食品检验、食品进出口作为专章，将其置于和食品安全标准、监督管理与法律责任平行的位置，并增加了食品安全事故处理环节，使得《食品安全法》涵盖了从前置的风险评估，到中间生产经营的安全性、出厂检验、进出口检验、监督管理，再到安全事故发生后的食品安全事故处置及法律责任追究的各个环节，形成了一个具体而连贯的操作步骤，解决了《食品卫生法》实用性不足的弊端。

其次，我国《食品安全法》体现出事前预防原则。通过上述我国食品安全法律规制中的风险监测和风险评估分析，我们看出，我国已经从原来的事后事故处理原则转向事前的预防原则。本法要求县级以上地方人民政府应当根据有关法律、法规的规定和上级人民政府的要求制定食品安全事故应急预案；并且对于境外食品安全事件可能对我国境内造成的影响，或者在进口食品中发现严重食品安全问题的，国家出入境检验检疫部门应当及时采取风险预警或者控制措施。

最后，为了更好地做到公众对食品信息的知悉，我国《食品安全法》坚持信息公开透明原则。《食品安全法》第 48 条第 1 款明确规定："食品和食品添加剂的标签、说明书，不得含有虚假、夸大的内容，不得涉及疾病预防、治疗功能。生产者对标签、说明书上所载明的内容负责。"国家建立食品安全信息统一公布制度，公众可以免费查阅食品安全标准。

三、我国食品安全监管制度的缺失

目前，我国政府为了强化对食品安全性的重视，相继出台了大量的法律法规进行整治，地方政府和相关部门也与中央政策相对应纷纷结合本地区实际情况出台各种规则和标准，可以说我国食品安全法律制度的构建不断得以完善。但是，由于我国食品安全管理权限主要分属农业、质监、工商、卫生等近 10 个部门，不同部门仅

负责食品从农田到餐桌的全过程中的一个环节，造成了部门间职责不清、管理重叠等问题。另外，我国现行的法律法规中涉及食品安全的都只对食品质量、食品卫生等作了一些概括性规定，不能充分满足目前消费者对食品安全的要求。再者目前我国食品相关标准分为国家标准、行业标准、地方标准和企业标准四级，标准之间交叉、重复时有发生，标准规定的检测方法也不尽相同，各部门按照自己的标准对企业的生产过程或市场上流通的产品进行检验和监督执法，企业感到无所适从。

（一）食品安全法律体系缺乏系统性

目前，我国涉及食品安全方面的法律主要由食品生产安全质量标准及相关法律、法规和一些规范性文件构成。我国现已颁布的涉及食品安全的法律法规数量虽然较多，但因立法条款相对分散，一些法律规定得比较原则和宽泛，缺乏清晰准确的界定，从而留下了执法空隙和交叉。具体而言主要反映在如下方面：

1. 立法存在空白和立法目标错位

我国目前颁布的关于食品安全的法律法规主要有《食品安全法》、《产品质量法》、《农产品质量安全法》、《农业法》、《食品卫生监督程序》、《食品卫生行政处罚办法》、《食品质量安全市场准入审查通则》、《农药生产管理办法》、《消费者权益保护法》等，虽然数量庞大，但由于分段立法、立法时缺少沟通和协调，尤其是立法时缺乏与国际食品法典的对比，导致条款相对分散，调整范围较窄。例如，《农产品质量安全法》中就仅仅对列举的100多种农产品农药残留量的限额作出规定，而国际食品法典涉及的农产品就达300多种，远远超出了立法范围，而这超出的200多种农产品具体数据根本没有相关规定，无据可查，为食品安全监管留下缝隙。再以生肉屠宰为例，国务院制定了《生猪屠宰管理条例》，仅仅对生猪定点屠宰、检验检疫作了规定，而对牛、羊肉的屠宰至今尚未有规定可循。可见在具体的立法内容上存在很多空白之处。

2. 法律法规间缺乏协调性

我国目前的食品安全法律体系是随着政府机构改革而逐步建立起来的，食品安全法律法规基本上由不同的政府部门起草然后再由国务院或者全国人大审核通过，因此法律法规之间有明显的部门法特征。这些法律在具体适用时由于执法主体的不同、使用法律的不同，导致定性不准确、处理不当的现象比比皆是，其中表现最为突出的是《农业法》、《产品质量法》和《食品安全法》这几个主要法律之间的不协调。首先，我国在食品问题上把食品安全和食品质量作为两个单列的标准，分别由《食品安全法》和《产品质量法》规定，而这两部法律在具体的规定上非常不一致，导致执法人员在实际执法中无所适从。而《农业法》和《产品质量法》实际上是由部门法上升为国家法律的，这两部法律在制定过程中由于部门之间缺乏足够的协调和沟通，因此在具体内容规定上不可避免地会出现矛盾。再如动植物防疫检疫法规也是如此，我国植物检疫包括农业、林业和口岸检疫三个部分，分别由农业部、国家林业局、国家质检总局负责。而三个部门在执法过程中实际依据分别为《植物检疫条例》、《进出口动植物检疫法》和国务院“三定”方案，导致了同一食品在不同的部门要遵循的标准互不相同，给食品制造业带来巨大的困惑。

此外，特殊的立法模式和立法环境导致了食品安全法律法规在内容上的冲突，相对于同一个行为由不同的部门出面处理就会有不同的结果，这也是我国食品安全法律体系的一大特点。在此以不同的法律法规对“未经检疫的猪肉”的不同规定为例加以说明。《食品卫生法》（已废止）规定对未经检疫的畜产食品，已出售的立即公告收回。已公告收回和未出售的猪肉，应责令停止销售并销毁；还应没收违法所得并处以违法所得 1 倍以上 5 倍以下罚款；没有违法所得的，处以 1000 元以上 50000 元以下罚款。而《动物防疫法》规定对未经检疫的猪肉已出售的没收违法所得；未出售的，首先依法补检，合格后可继续销售；不合格的，予以销毁。另外国务院

《生猪屠宰管理条例》又规定，未经定点、擅自屠宰生猪的，由市、县人民政府商品流通行政主管部门予以取缔，并由市、县人民政府商品流通主管部门会同其他有关部门没收非法屠宰的生猪产品和违法所得。可以并处违法经营额3倍以下罚款。可见三个法律对同一行为的规定大相径庭，给执法带来了困难。虽然现行的《食品安全法》废止了《食品卫生法》中的内容，但是对于这样的冲突并没有彻底解决。①

（二）食品安全标准体系尚不健全

截止到2004年，我国虽然有1070项食品工业国家标准和1164项食品工业行业标准。② 然而这些标准大多数是2000年以前制定的，其中最早的制定于1981年。此外，为了适应进出口贸易的需求，还有进出口食品检验方法行业标准578项。③ 也就是说，我国的各类食品安全标准大多是行业标准而非国家标准。《食品安全法》颁布后，卫生部会同相关部门加快了食品安全标准的清理完善工作，完善了相应法规，发布了《食品安全国家标准管理办法》、《食品安全地方标准管理办法》、《食品安全企业标准备案办法》等法规，组建了食品安全国家标准审评委员会，部署开展了200余项（类）食品卫生标准清理工作，并加快了食品中污染物、真菌毒素限量、食品添加剂、致病微生物等基础标准的修订工作。目前，已经发布172项新的国家标准，包括乳品安全标准68项，食品添加剂标准102项，农药残留限量标准2项（包括66种农药残留限值），还废止了食品中锌、铜、铁的限量标准。

---

① 王伟主编：《食品安全与质量管理法律教程》，安徽大学出版社2007年版，第58页。

② 陈锡文、邓楠主编：《中国食品安全战略研究》，化学工业出版社2004年版，第87页。

③ 陈伟红：《我国食品卫生安全监督管理体制的现状及对策》，载《卫生经济研究》2005年第2期。

但是，一些标准与国际标准差距还是很大，技术指标落后，某些重要食品中有害物质的限量远远低于国际标准或者国外先进标准的水平。在食品安全管理工作上也表现得较为落后，管理工作缺乏科学性，在技术上也存在较大差异。由于食品安全标准制定得混乱使我国食品出口经常受到其他国家的贸易限制，被扣留和退货，给国内食品企业造成了巨大的影响。也由于我国食品标准门槛低，使得很多国外企业对在中国境内销售的食品与其在本国境内或者其他国家销售的同一种食品实行不同的安全标准，降低在中国境内销售的食品的质量以谋取更多的利益，对国内食品消费者造成极大的不公平。①

与此同时，由于我国食品标准绝大部分是行业标准和企业标准，制定的部门不具统一性，各个部门在制定标准时缺乏沟通和统一规范的指导，造成对同一对象出现两个甚至更多的标准的情况，而且这些标准往往又不一致，有时甚至存在很大冲突，严重影响了食品安全监管工作，使执法者无所适从。举个典型的例子，卫生部关于干燥类菜食品安全含硫量标准，规定不能超过0.035毫彭千克；而国家农业部颁布的《无公害脱水蔬菜标准》(NY5184－2002）规定，二氧化硫残留量的卫生指标不得超过10毫克/千克，两者相差2957倍。②

不同部门标准之间如此大的差异不仅给执法带来难度，同时给企业也造成了巨大的困惑，企业不知道该采用哪个部门的标准，也为部分不法分子留下了法律的空隙。

（三）食品召回制度存在欠缺

我国虽然于2007年8月27日正式实施《食品召回管理规定》，

---

① 陈锡文、邓楠主编：《中国食品安全战略研究》，化学工业出版社2004年版，第30页。

② 杨辉：《我国食品安全法律体系的现状与完善》，载《农场经济管理》2006年第1期。

开始了食品召回制度，并在《食品安全法》第 53 条也作了明确规定。但从此项制度的实施情况来看，不安全食品的召回制度还存在以下两个方面的缺陷：

1. 召回主体存在欠缺

我国《食品安全法》第 53 条规定将食品召回主体局限于生产者，范围过窄，这样界定召回主体不利于消费者权益的保护。例如，美国相关部门曾宣布召回受到甲虫污染的某品牌奶粉，美国消费者可以凭实物无条件退货。但是，通过海外代购、百姓出国旅游购置等渠道流入我国的奶粉，却遭遇召回难的尴尬境地。大量要求退货的中国消费者被告知，要想退货不仅须出示购买奶粉时的发票，还要出示婴儿出生证明、到美国的签证记录，等等。不然，消费者只能凭问题奶粉换购新的奶粉，而已经开封的产品更是连换购都不可以。① 面对这种我国消费者被跨国企业实行区域歧视的做法，我国的食品召回制度却无能为力，立法时存在的弊端显露无遗。

2. 执行力度不足

除立法上存在的缺陷外，食品召回制度执行不力也是现实中存在的一个严重的问题。例如，2010 年 8 月的湖南金浩茶油含致癌物超标 6 倍秘密召回和部分茶油仍未被及时召回事件，虽然湖南省质监局内部人士透露，产品问题早在年初就已发现，该局还责令企业整改并对相关产品召回，但始终没有向公众发布。② 在这一事件中，食品生产者根本没有按照召回制度规定的程序进行食品召回，而是步步搪塞，而质监部门的不作为或少作为也在一定程度上凸显了召回制度程序尚有待完善。

---

① 李金金、孙燕燕：《中国为何成召回“盲区”》，北青网，2011 年 3 月 17 日访问。

② 廖爱玲、杜丁：《金浩承认茶油致癌物超标　近 9 吨问题茶油未召回》，新京报网络版，2010 年 9 月 2 日访问。

（四）法律设计的监管主体存在问题

2009年6月1日起我国正式施行《食品安全法》，废除了已实施了13年的《食品卫生法》，确立了我国食品安全分工负责与统一协调相结合的监管体制。

我国《食品安全法》第4条规定："国务院设立食品安全委员会，其工作职责由国务院规定。国务院卫生行政部门承担食品安全综合协调职责，负责食品安全风险评估、食品安全标准制定、食品安全信息公布、食品检验机构的资质认定条件和检验规范的制定，组织查处食品安全重大事故。国务院质量监督、工商行政管理和国家食品药品监督管理部门依照本法和国务院规定的职责，分别对食品生产、食品流通、餐饮服务活动实施监督管理。"第5条规定："县级以上地方人民政府统一负责、领导、组织、协调本行政区域的食品安全监督管理工作，建立健全食品安全全程监督管理的工作机制；统一领导、指挥食品安全突发事件应对工作；完善、落实食品安全监督管理责任制，对食品安全监督管理部门进行评议、考核。县级以上地方人民政府依照本法和国务院的规定确定本级卫生行政、农业行政、质量监督、工商行政管理、食品药品监督管理部门的食品安全监督管理职责。有关部门在各自职责范围内负责本行政区域的食品安全监督管理工作。上级人民政府所属部门在下级行政区域设置的机构应当在所在地人民政府的统一组织、协调下，依法做好食品安全监督管理工作。"第6条规定："县级以上卫生行政、农业行政、质量监督、工商行政管理、食品药品监督管理部门应当加强沟通、密切配合，按照各自职责分工，依法行使职权，承担责任。"

可见，食品安全的监管主体主要是政府及其所属各食品安全监管部门，这里的政府包括中央、省、地（市）及县级政府。中央一级的食品安全监管工作由国务院食品安全委员会、国务院卫生行政部门、国务院质量监督部门、国务院工商行政管理部门、国家食品药品监督管理部门等机构负责；另外，食用农产品的质量安全管理由国务院农业行政部门负责。这些部门对国务院负责并汇报工作，对下则各成体系，在省、市、县都有各自的对应机构，每个机构都分别实施食品安全监管的某项职能。一般情况下，地方食品安全监管部门直接向当地政府负责，并接受上级对口部门在监管及技术方面的指导。

各监管部门的主要职责分工为：（1）由国务院设立食品安全委员会，其工作职责由国务院规定。（2）国务院卫生行政部门承担食品安全综合协调职责，负责食品安全风险评估、食品安全标准制定、食品安全信息公布、食品检验机构的资质认定条件和检验规范的制定，组织查处食品安全重大事故。（3）国务院质量监督、工商行政管理和国家食品药品监督管理部门依照法律和国务院规定的职责，分别对食品生产、食品流通、餐饮服务活动实施监督管理。（4）地方政府的监管职责：县级以上地方人民政府统一负责领导、组织、协调本行政区域的食品安全监督管理工作，建立健全食品安全全程监督管理的工作机制；统一领导、指挥食品安全突发事件应对工作；完善、落实食品安全监督管理责任制，对食品安全监督管理部门进行评议、考核。县级以上地方人民政府依照本法和国务院的规定确定本级卫生行政、农业行政、质量监督、工商行政管理、食品药品监督管理部门的食品安全监督管理职责。有关部门在各自职责范围内负责本行政区域的食品安全监督管理工作。上级人民政府所属部门在下级行政区域设置的机构应当在所在地人民政府的统一组织、协调下，依法做好食品安全监督管理工作。

监管对象是在中华人民共和国境内从事下列活动者：（1）食品生产和加工，食品流通和餐饮服务；（2）食品添加剂的生产经营；（3）用于食品的包装材料、容器、洗涤剂、消毒剂和用于食品生产经营的工具、设备的生产经营；（4）食品生产经营者使用食品添加剂、食品相关产品；（5）对食品、食品添加剂和食品相关产品的安全管理。

由此可以看出，我国食品安全监管的体制采取多部门分段监管的模式，即食品安全的监管主体有多个，包括卫生行政、农业行政、质量监督、工商行政管理和食品药品监督管理部门，各部门根据法律和国务院的相关规定对食品安全共同进行监管。

上述食品安全的监管模式看似合理，前后衔接，实现了从农田到餐桌的全程监管，但仔细分析却发现存在很多的问题。就现实而言，食品从农田到餐桌的过程是纷繁复杂的工程，并不是一个单项的、不可逆的过程，过程中间往往存在交叉或者反复的情况。理论上可以分清的环节在实际操作起来时是很难彻底划清的，因此这种分段监管的模式没有很好地解决环节与环节之间的衔接点，留下很大的争议空间：

1．监管职能衔接存在漏洞，容易出现监管的空白地带

因为食品从种植、养殖活动中获得初级农产品，经过加工、流通、销售到消费者的口中，要经过一个非常复杂和漫长的过程，并不能清楚地划分阶段，在分段的衔接点上会出现很多交叉的问题，而我们的法律对监管职责采取的又是列举的方式，不能预测到现实的每一种情况，因此经常会出现监管的盲点。例如，无证无照的小食品店、小餐饮店、小食品加工厂就是一个很好的典型。按照分段监管的原则，无证无照的小餐饮店应该由卫生行政部门进行查处，小食品加工厂应由质监部门进行查处，但卫生及质监部门认为，经营户的营业执照是工商行政部门发放的，按照规定应由工商行政部门进行查处取缔，而工商行政部门则认为，卫生、环保部门是前置许可部门，它们也有查处的责任。

同时，其间存在诸多环节，难以用某种模式或几种模式进行框定，且随着经济和社会的发展，新的食品技术和方法、新的食品产业不断出现，用现有的食品生产经营框架中的“段”难以将其进行定义和分类，这就使得监管部门无法根据自己的职责分工将其归入监管视野内，使其游离于食品监管体系之外。就像“三聚氰胺”牛奶和奶粉事件，主要肇事者奶源收购站就因无法归类于现有食品监管体系的“段”中而处于无部门监管的状态，尤其是在“三聚

氰胺”事件发生后，相关部门更是互相推诿，均不认为奶源收购站在自己的监管范围之内。

2. 分段监管导致监管重叠现象严重

食品安全监管的内容比较复杂，“从田间到餐桌”的过程中包括食品的生产、流通、销售及餐饮业，监管者包括食品药品监督管理局、农业部、卫生部、质检总局、工商总局、商务部、海关总署等多个部门及地方各配套职能机构。在《食品安全法》实施以前，曾出现“六七个部门管不住一头猪”、“十几个部门管不了一桌菜”的现象，各监管部门之间或争夺监管权，或相互推诿监管责任，最终造成监管不力。《羊城晚报》曾刊登过一篇题为“检查单位前赴后继吃月饼”的报道，该报道称广东 10 家执法部门对生产月饼的企业进行重复检查，类似的情况在其他很多地方也出现过。① 各执法部门在利益的驱动下，有时出现各吹各的号，各唱各的调，争权夺利、推诿扯皮、相互掣肘。又如，工商行政管理总局和商务部各自的的职能定位分别是市场运行管制和市场贸易行业规制，但是在实际监管过程中，都不同程度地渗透到各类食品和各个环节的监管之中。再如，在实施产品质量安全抽查方面，卫生、工商、质监部门和行业主管部门等依据法律规定，各自实施或者委托食品检测机构进行食品质量抽检，在违法行为的处罚上，工商、卫生、质监部门依据各自制定的法律法规给予处罚，经常出现重复处罚现象，损害了企业的利益。

《食品安全法》实施后建立了沟通协调机制，但沟通协调也是需要时间和成本的，沟通的环节越多，出现误差的概率也就越大，往往在达成共识的时候，可能已偏离了预先设定的目标。由于监管部门多，在制定监管措施时难免局限于部门利益，出现监管漏洞或同样事项多部门管理，使“齐抓共管”与“无人负责”现象并存。

---

① 杨辉：《完善食品监管执法体系的几点思考》，载《中国卫生法制》2007 年第 15 期。

3. 各自为政，造成行政资源浪费

多部门共同监管食品质量和食品卫生，造成多头执法、重复执法、权力交叉重叠，不但增加了政府的管理成本，降低了管理效率，出现了“管理打架”的现象，而且还由于对食品企业的重复监督检查、重复产品抽检，从而浪费了国家的公共资源，还无端增加了纳税人的经济负担。《食品安全法》第78条规定：“县级以上质量监督、工商行政管理、食品药品监督管理部门对食品生产经营者进行监督检查，应当记录监督检查的情况和处理结果。监督检查记录经监督检查人员和食品生产经营者签字后归档。”此条规定了不同行政部门的监管权力，但是完全没有规定权限划分和责任主体，也没有规定禁止重复检查，很多部门负责人为了给本部门“创收”想尽办法对能跟自己挨上边的单位进行检查，人为地造成财政资源的浪费。而现代行政的宗旨是以最小的行政成本获取最大的行政效能，显然我国的监管现状离现代行政还有很大的距离。

4. 监管部门责任设置不明确

行政机关是代表国家行使管理权的部门，而任何一项权力的行使都需要一定的责任体系相配套，权力本身具有倾向膨胀的特性，如果权力失去责任的制约就会进入到一个无序的状态。食品安全行政机关是行使食品安全监管权的部门，其权力来源于法律规定，为了使人民的权利得到保障，在赋予行政机关权力的同时必须设置与权力相对等的责任，防止其滥用职权。由于我国特殊的国情，一直走的是计划经济的路子，再加上封建社会几千年的人治制度的影响，人们有种普遍心理，就是认为行政法律关系是命令与服从的关系。在我们的法律法规中也有一定的体现，在设定责任义务时，往往对行政相对人设定比较多的义务和责任，而对行政机关注重的是其权力的规定，责任限定上很少，导致了行政主体权力与责任的不一致，权大责小。

《食品安全法（草案)》第92条第2款规定，食品生产、流通、餐饮服务监督管理部门或者其他有关行政部门不履行本法规定的职责或者滥用职权、造成后果的，由监察机关或者任免机关依法对其主要负责人、直接负责的主管人员和其他直接责任人员给予行政处分，包括记大过、撤职、开除等处分。由此可以看出，虽然《食品安全法（草案)》对监管主体做了一定的责任限制，但是没有根本上的改善，监管主体责任设置仍然不够严厉。只有其主要负责人、直接负责的主管人员和其他直接责任人员构成滥用职权罪、玩忽职守罪的，才能追究其刑事责任。而对监管部门自身的责任却没有提及，无法对监管部门起到威慑作用。

此外，就目前而言，承担食品安全监管职能的三个主要执法部门——质量监督、工商行政管理和食品药品监督管理部门，均不是专门的食品安全执法机构，除对食品安全的监管外，还承担了其他繁重的行政执法任务。质量监督部门负责其他产品的质量监管、标准化、计量、特种设备安全监察等职能；工商行政管理部门负责各类市场主体的登记注册和监督管理，消费者合法权益的保护，查处假冒伪劣商品，违法直销和传销，承担除价格垄断行为外的反垄断执法，查处不正当竞争、商业贿赂、走私贩私等经济违法行为，对合同、广告活动实施行政监督管理以及动产抵押物登记，商标注册和管理，特殊标志、官方标志的登记、备案和保护等；食品药品监督管理部门此前主要承担对药品和医疗器械的监管工作，而最近频发的药品事故说明药品和医疗器械的监管也是一项关系民生且繁重艰巨的任务。可以说，上述三个部门在食品安全监管之外已经承担了大量的行政执法工作，在正式接手食品安全监管职能之后，其原本不足的执法资源面对复杂的食品安全问题显得更加捉襟见肘，它们能否以足够的人力和精力来应对是非常令人担忧和怀疑的。

5. 对中国食品企业社会责任监管的缺失

一系列食品安全丑闻暴露出对中国食品企业社会责任监管的缺失。究其原因，除了企业自身缺乏职业道德外，很多地方政府对食品企业违法行为的监督力度不够，对其应承担的社会责任更是漠视。或者说政府官员本身对食品企业的社会责任了解甚少，认识不到其对食品安全的重要性。许多地方政府片面注重企业的利润和税收，以繁荣市场为理由在市场准入方面放松标准，并以此作为衡量当地经济发展水平和政府官员政绩的标准。这些做法客观上纵容了一些企业的不道德行为，从而最终引发了食品安全丑闻，使政府的失职行为暴露于大庭广众之下。

《公司法》将强化企业社会责任写入总则中，明确要求企业“关心与维护企业股东之外其他利益相关者的利益”。《食品安全法》也要求“食品生产经营者应当承担社会责任”。我们认为，政府在评价食品企业时不能单纯看其利润、规模，更应看其是否积极履行食品安全的社会责任。一个主动、自愿履行社会责任的食品企业是一个良性的市场主体，在行业竞争中应有更大的经营施展空间，得到更多的优惠政策和公众认同；而一个规避社会责任、唯利是图、置广大公众健康于不顾的食品企业，即使其利润高、上缴利税多，也应坚决予以制裁，不能姑息纵容。作为政府部门，要充分认识到企业的社会责任对市场经济良性发展的重要性，避免市场经济中“劣币”驱逐“良币”的现象。

6. 食品安全监管中存在腐败现象

腐败现象产生的原因很多，有体制的不健全、人情的因素、民族性等。食品安全监管中的腐败现象既有食品生产经营者的原因(如一些不符合条件的食品生产经营者为办理营业执照而行贿等)，也有监管者的原因（如一些监管人员借职权吃拿卡要、受贿、照顾人情等)。实践中，由于商业贿赂、地方保护主义等原因，越是大型的企业越容易得到监管部门的保护，即使检查出问题地方政府也是“睁一只眼，闭一只眼”，使暴露出来的问题不了了之。腐败现象破坏了经济环境的良性发展，是我国市场经济发展之大忌。食品安全是民生之本，在食品安全监管中存在腐败，代价将是公众的身体健康和生命安全与食品行业的可持续发展。因此，对腐败现象必须坚决予以反对，充分发挥公众社会监督的作用，使违法者得到应有的惩罚。

（五）食品安全风险评估与风险交流制度不完善

我国在制定《食品安全法》时引入了食品安全风险评估制度，利用国际上流行的风险分析原则来确保食品安全。发达国家一般在公布《食品安全基本法》时设立食品安全委员会这样一个机构，由其独立实施风险评估，以明确部门职责。例如，在日本，食品安全委员会是一个根据科学知识，对相关行政机关的风险管理进行客观、中立、公正的风险评估的独立机关，它的主要业务就是进行科学评估，并根据评估结果对相关大臣进行劝告，它并不担任制定、实施规则措施等行政任务。在与国民的关系上，它也不是制定标准、实施行政处理、表达国家意志的机关。

我国《食品安全法》也专门设立了国务院食品安全委员会，但该规定笼统而缺乏指向性。《食品安全法》第 4 条第 1 款规定由国务院设立食品安全委员会，作为高层次的议事协调机构。但其工作职责却由国务院规定。第 4 条第 2 款规定，国务院卫生行政部门承担食品安全综合协调职责，负责食品安全风险评估、食品安全标准制定、食品安全信息公布、食品检验机构的资质认定条件和检验规范的制定，组织查处食品安全重大事故。但这样一个机构到底能起到多大的作用，还是十分令人怀疑的。毕竟在此之前就有国务院产品质量和食品安全领导小组，在它的领导下，分段监管的漏洞并未堵住。食品安全事故仍然频发，因为其中一个致命的弱点是领导小组只起到统筹协调的作用，并不直接承担监管职责，具体的监管工作需要其他相关部门去做，其本身没有相应的执行机构，以致无法将其意图直接落实，对于监管的空白地带无法进行有效填补。

而且，该规定使得我国的食品安全委员会与国务院的卫生行政部门的关系显得纠缠不清。无疑我国的食品安全风险评估和风险管理的任务都将由国务院卫生行政部门来承担。而且在中国现有行政框架下，类似于日本的行政机关无视科学家劝告进而影响到食品安全的事件并不是不可能发生。食品安全委员会协调、指导食品安全监督工作的职能未免空洞无力。而且我国食品安全委员会的独立性更令人担忧，即使国务院对食品安全委员会的具体职责作出明确而实际的规定，如果缺乏自己的研究机构，无论我国的食品安全委员会在保障食品安全中扮演何种角色，也很难完成它的分内职责。

另外，我国风险沟通中消费者存在缺位。通过风险沟通可以使消费者了解到可能会对自身健康造成影响的食品风险，帮助消费者根据风险信息采取适当的应对措施。良性的风险沟通还可以使消费者借助对风险信息的掌握达到精神上的安心感。

我国《食品安全法》第 71 条规定了“食品安全事故的及时处置与报告、通报、上报”制度，通报和上报都是发生在行政机关内部的，报告主体中涉及消费者，但此时消费者是以报告责任人的身份出现的，法律更多地强调了消费者的责任，而不是消费者的权利。报告制度本身也是在食品安全事故发生之后，严格意义上说消费者参与的并不是风险沟通。《食品安全法》第 82 条规定了“食品安全信息统一公布制度”，公布的信息包括国家食品安全总体情况、食品安全风险评估信息和食品安全风险警示信息。这在风险沟通中属自上而下的传达，本身也不包含消费者的参与。为确保消息的透明度，风险管理者、消费者以及有关各方之间进行有效的双向交流时，风险沟通是一个必不可少的组成部分，沟通本身就具有双向性。而在我国风险沟通主体中，消费者是缺位的，风险沟通完成的只是行政机关自上而下传达食品安全信息的一个向度，严格意义上讲这并不能被称作是风险沟通，而《食品安全法》中也没有在风险评估和风险管理制度之后明文指出风险沟通制度，显然这与该法保障公众身体健康和生命安全的立法目的是不协调的。

（六）食品安全信息发布机制缺陷突出

食品安全信息主要包括食品安全总体情况、标准、监测、监督检查（含抽查）、风险评估、风险警示、事故及处理信息和其他食品安全相关信息。虽然《食品安全法》第 82 条规定国家建立食品安全信息统一公布制度，但仍存在以下缺陷：

1. 内部信息发布手段落后

网络时代，信息发布的速度已经可以达到与事件同步的水平。但是目前我国还没建立起一个可供各个监管部门共享的食品安全曝光网络平台。在食品安全监管领域，不同地区不同部门的信息交流还在采用异地发函、通告协管的方式。这种原始的沟通方式往往导致生产企业的主管部门不能及时了解外地销售的问题食品的情况。公共平台的缺失相对容易导致一些生产企业“漏网”，致使从源头上完全杜绝问题食品成为奢望，于是不合格食品源源不断地流入流通、消费领域，这反过来又增加了流通消费领域监管部门的执法成本。

2. 公众信息发布不完善

当今公众信息发布已经进入互联网、电视网、电信网三网融合的新媒体时代，三网融合时代的公众信息发布与接收早已达到了与事件同步的境地。但是在食品安全信息发布方面，监管部门还远远没有意识到这一点。特别是一旦发生重大食品安全事件，监管者往往不能成为信息的第一发布人，甚至在舆论鼎沸、正误信息混杂、百姓人心浮动的时候，监管部门的权威信息还不能及时平息公众的疑惑。公众信息发布系统的滞后性已经远远不能适应当代社会的发展实际。

四、国外食品安全监管制度对我国的启示

（一）明确职责分工，加强沟通协调

尽管我国《食品安全法》在理顺监管体制方面做了努力尝试，但是仍然没有改变当前食品安全监管的多头分散体制，导致衔接脱节、存在监管盲区等问题。考察各国食品安全行政监管历史，无论是以美国、日本为代表的经济发达国家，还是以印度为代表的广大发展中国家，为应对日益严重的食品安全问题，都在不断调整完善本国的行政监管体制，控制食品风险。总体而言，目前国外的食品

安全行政监管体制分为三大类型:[1]

第一类以加拿大、丹麦、爱尔兰和欧盟、印度为代表。为了控制风险，将原有的食品安全管理部门重新统一到一个独立的食品安全机构，由这一机构对食品的生产、流通、贸易和消费全过程进行统一监管，彻底解决部门间分割与不协调问题。

第二类以美国为代表。虽然食品安全的管理机构依然分布在不同的部门，但是通过较为明确的管理主体来避免机构间的扯皮问题，通过明确分工基础上的协调来实现食品安全。

第三类以澳大利亚、欧盟、日本为代表，由一个权威的食品安全机构统一协调食品安全事宜，但不负责具体的监管职责，主要是政策和标准制定、部门协调等，食品安全监管由主要的几个部门负责。

对于我国而言，现阶段应加强各部门之间的协调、沟通、配合，出台“无缝监管”、“无缝衔接”的相关规定，充分发挥食品安全委员会的作用，避免出现监管漏洞。但从长远来说，建立一套统一监管体制势在必行。即将原有部门的食品安全监管职能集中整合，组建一个统一独立的食品安全监管机构，构建“大食品”安全监管体制，彻底实现权责统一。由这一机构对食品的生产、流通、贸易和消费全过程实行全过程监管。一是彻底打破部门间职能责任划分不明，造成监管盲区，让生产者无法适从的局面；二是解决监管部门之间推诿扯皮、内耗严重的问题；三是减少监管成本，掌握最佳监管时机，迅速介入、迅速结案；四是解决多家监管、多家检测的混乱局面；五是从上到下的垂直专业监管，能摆脱地方政府利益的束缚与影响。同时这也符合全球食品行政监管职能整合的发展趋势。

---

① 王贵松著:《日本食品安全法研究》，中国民主法制出版社 2009 年版，第 83 页。

（二）构建配套食品安全标准体系

我国食品安全标准体系由国家标准、行业标准、地方标准、企业标准四级构成。目前，我国共有1070项食品工业国家标准和1164项食品工业行业标准；为了适应进出口食品检验，还有进出口食品检验方法行业标准578项。[①] 虽然我国食品安全标准总共将近3000项，但在某些方面的空白和不配套依然是其无法回避的“硬伤”。

我国果蔬标准缺乏一些重要食品加工原料的质量标准和分级标准，无法实现对产品质量认证及优质优价，储藏运输及包装标识标准不能满足果蔬储藏流通需要，果蔬制品中目前还没有二氧化硫、砷、汞等有害物质含量的检测方法标准。目前我国相关标准内容不全面，结构不配套，指标设计涵盖范围过窄并且存在空白，再加上检验方法不配套，计量单位不规范，由此导致标准的适用性较差。与国际食品法典委员会、国际标准化组织标准体系相比，差距很大。据农业部官方数据，目前我国已经建立了92种（类）作物的农药残留限量标准807项，农药在农产品、环境中残留量检测方法标准232项，已经初步奠定了我国农药残留标准体系框架。而国际食品发展委员会有3338项，欧盟有14.5万项，美国有1万多项，日本有5万多项。[②] 由此可见，我国在食品质量安全方面与国际上的差距亟待缩小，这一过程需要全社会的共同努力。

以美国所建立的食品安全标准体系为例。自第二次世界大战结束后，美国经济持续高速发展，在食品加工和农业方面开始出现了随意滥用食品添加剂、农药、杀虫剂和除草剂等化学制剂的情况，这给人们的身体健康和生存环境带来了比较严重的危害。为了规范

---

① 王国丰：《论食品安全与经济发展》，载《粮食与饲料工业》2007年第6期。

② 《第一届国家农药残留标准审评委员会成立》，http://news.qq.com/a/20100412/002155.htm。

食品添加剂和农药的使用标准，美国政府对食品法律法规进行了再次调整，联邦政府先后出台了《食品添加剂修正案》、《色素添加剂修正案》、《药物滥用控制修正案》及《婴儿食品配方法》和《联邦杀虫剂、杀真菌剂和灭鼠剂法》等。[①] 由此开始了大规模的食品安全标准的制定和配套立法。其中在添加剂使用方面规定，凡是人或者动物使用后会致癌，或是经食品安全检测后被证明为可致癌的食品添加剂都不能被使用。此外，在农药使用方面，环境保护署被政府赋予制定农药使用最高限量标准的权力，明确要求所有农业种植用的农药都必须通过环境保护署的认定，并颁发相关许可证。上述法律及标准几乎涵盖了所有食品，为食品安全提供了具体详尽的标准和监管程序。

美国也是最早将食品安全标准作为限制国外食品进口贸易壁垒的国家之一，“9·11”事件发生后，美国又相继制定了《动物健康保护法》、《公共卫生安全和生物恐怖应对法》，在法律中规定了一系列食品反恐的措施，如建立国内外食品厂商登记制度等。[②]

日本食品质量安全标准分为两大类：一是食品质量标准；二是安全卫生标准，包括动植物疫病、有毒有害物质残留等。日本政府颁布了2000多个农产品质量标准和1000多个农药残留限量标准。农产品质量标准达到351种规格。在日本，对于食品的质量安全认证和HACCP的双重认证已成为对食品质量安全管理的重要手段，并广为消费者所接受。[③] 日本对进口食品实行进口食品企业注册和进口食品检验检疫制度。

我们都知道，食品安全法律规范有很强的专业技术性，因而需

---

① 陈君石：《国外食品安全现状对我国的启示》，载《中国卫生法制》2002年第10期。

② http://news.u88.en/zx/shipinzixun_biaozhunfagui/655365.htm.

③ 陈君石：《食品安全的现状与形势》，载《预防医学文献信息》2003年第2期。

要与之相适应的食品安全标准相配套。食品安全标准是与食品安全法相配套的技术规定，是食品安全法律体系的重要组成部分。但是正如上面所述，我国目前关于食品安全的国家标准和食品工业标准虽然有一定的数量，但是大多都是在2000年以前制定的，有的甚至制定于20世纪七八十年代，已经远远跟不上现代食品安全发展要求的脚步，也远远落后于发达国家。因此，急需对我国的食品安全标准进行改革。

首先，需要完善食品安全标准体系的总体框架。食品安全的保障工作是一个从农田到餐桌的综合性过程，不管是食品生产的原料、添加剂还是食品生产过程中的技术都需要相应标准的规范，只有通过全过程标准监控才能从根本上保证和提高食品质量。如此艰巨的任务当然需要我们从国家的实际情况和整体利益出发，结合我国食品产业发展的需求，研究出一个目标明确、结构合理、功能齐全的标准体系总体框架，改变我国目前标准体系不健全、标准设置不科学、内容不完善的现状。

其次，尽快建立一批与国际接轨的食品安全标准制度。虽然我国目前标准众多，但是仍然有很多重要领域标准缺失，目前只能参照与其相类似的行业标准，如乳制品、饮料等，这些领域缺乏良好的、具有可操作性的食品安全标准，导致食品安全问题频发，而消费者又找不到相应的法律法规来维护自己的权益。同时也很难与国际标准接轨。我国是食品法规委员会（CAC）的成员国，其制定的《食品法典》已成为全球消费者、生产者、经营者和国际贸易重要的参照标准，但是我国在标准采用率上极低，据调查我国等同或者采用国际标准的比例仅仅只有40%左右，而欧美等发达国家在20世纪80年代就已达到80%，日本更是达到了90%。在食品对外贸易中，中国常常因为标准限度低而遭到其他国家的贸易限制，严重影响经济的发展。

（三）构建合理的食品安全监管模式

食品安全监管是“食品安全控制”的一项内容。联合国粮农组织（FAO）和世界卫生组织（WHO）将“食品安全控制”定义为：“为了保护消费者，并确保所有食品在生产、处理、储藏、加工和销售过程中均能保持安全、卫生及适合于人类消费，确保其符合食品安全和质量要求，确保货真无假并按法律规定准确标识，由国家或地方主管部门实施的强制性法律行动。”[①] 联合国粮农组织和世界卫生组织将世界各国食品安全控制体系的组成部分归纳为五方面内容：食品法律及法规，食品安全监督管理，检验服务，实验室服务（食品监测和疫病数据），以及信息、教育、交流和培训。概括而言，即食品安全的监管、支持与服务体系。食品安全的监管体系是食品安全控制体系的核心内容和载体。

我国食品安全的监管模式，应当立足于我国国情，以切实保障消费者的健康权益、有利于食品工业的健康有序发展为基本出发点，并可以充分借鉴国外有关发达国家的先进和成熟经验。俗话说：“他山之石，可以攻玉”。当今，国外发达国家食品安全的监管模式逐渐趋向于由多部门分工监管转变为以单一部门为主监管。例如，在加拿大，1997 年通过《食品监督署法》，将原来分别隶属于卫生部、农业和农业食品部、渔业和海洋部、工业部四部门的职能进行整合，在农业部之下设立一个专门的食品安全执法监督机构——加拿大食品监督署（Canada Food Inspection Agency，CFIA），统一负责加拿大食品安全、动物健康和植物保护的监督管理工作。[②] 英国在 2000 年根据《1999 年食品标准法》，成立了一个独立的食品安全监督机构——食品标准局（Food Standards Agency，FSA），该部门完全独立于其他中央政府机构，全权代表英王履行食品安全执法监管职能，并向英国议会报告工作，对食品安全和标

---

① 张云华著：《食品安全保障机制研究》，中国水利水电出版社 2007 年版，第 234 页。

② 徐楠轩：《欧美食品安全监管模式的现状及借鉴》，载《法制与社会》2007 年第 3 期。

准有效地进行实施和监督。[①] 日本缘于其国内频繁发生的食品安全事件，于2003年成立全国食品安全委员会。该委员会是全日本食品安全最高权威和决策机构，全权负责食品安全风险评估工作并监督和指导相关监管部门（农水省、厚生省）的业务活动。[②]

而在欧盟，为了监督各成员国执行欧盟相关立法的情况及第三国进口到欧盟的食品安全情况，欧盟设立了食品和兽医办公室，并在1999年进行改革，将它的监督权限扩大到了从农田到餐桌的食品生产的每个过程。在2002年又成立了食品安全局，负责对各成员国国内和成员国之间及第三国进口到欧盟的食品的安全性提供科学意见，并与成员国国内有相同性质的机构建立工作网络，同时通过这个网络对成员国进行工作指导。[③] 美国的食品安全监管模式比较特殊，目前仍采取分部门监管的形式，但迥异于我国的分段监管模式。尽管在美国与食品安全监管有关的部门有多个，但主要的监管职能集中在农业部的食品安全与监督局（Food Safety and Inspection Service，FSIS）与人类和卫生服务部的食品药品管理局（Food and Drug Administration，FDA），且它们的职能分工是按照食品的品种划分，而非食品生产经营的阶段和过程。此外，美国此种监管模式的产生是与其国内法治理念的“分权”意识分不开的。美国的食品安全执法监管职能最早曾统一归农业部负责，但后来因为食品行业与农业部门之间过于密切的利益纠葛，才将食品药品管理局从农业部分离出来，这是一种分权制衡的实现，而非出于最有利于

---

① 王鲜华：《英国食品标准局（FSA）保护公众健康和消费者利益的做法》，载《中国标准化》2001年第12期。

② 李怀：《发达国家食品安全监管体制及其对我国的启示》，载《东北财经大学学报》2005年第1期。

③ 陈东星：《欧盟食品安全法及其监控体系——兼评我国对欧盟食品出口的借鉴》，载《新疆社会科学》2003年第1期。

监管的目的。①

因此，我们可以借鉴国外发达国家的现实经验，结合我国国情，针对我国食品监管中生产经营主体形式繁多、大小不同，尤其是中小型企业较多、生产经营活动复杂的特点，在专职监管部门内部进行分工，根据不同的食品生产经营的特点设立分属机构，并尽可能实现由中央或至少由省级直接设立分支机构进行垂直管理，以防止地方保护主义对食品安全监管的干扰。

同时，考虑到在实践中，由于食品行业的发展有其自身特点，政府如果事无巨细都进行立法和监管，会耗费大量人力、物力、财力等管理成本。因此，应将政府监管与行业自律、社会监督有机结合，采取全方位的立体监管体制。一要充分发挥行业协会的作用。行业协会具有非营利性、自治性的特征。按照中共中央在《关于构建社会主义和谐社会若干重大问题的决定》中对社团、行业组织和社会中介组织提出的“提供服务、反映诉求、规范行为”的职能，食品行业协会在加强行业自律，提供政策咨询，沟通行业信息，加强业务交流，维护会员企业权益，推广先进技术及人员培训，开拓新市场等方面发挥了重要作用。另外，商业行规与法律规范互为补充、有机结合。相对于商业行规，法律规范的规定大部分是原则性的、概括性的。商业行规恰恰弥补了法律规范之不足。二要完善社会监督。由于食品安全涉及面广、监管难度大，单纯依靠行政执法机关的监督管理不能完全奏效。个别食品生产经营者可能会逃过监管部门的检查。与各职能部门的直接法律监管相比，社会组织和公民的监督具有广泛性、全面性和及时性的特点。《食品安全法》赋予社会组织、个人在食品安全领域三项重要的监督权利：一是举报权。任何组织或者个人有权举报食品生产经营中违反《食品安全法》的行为，有权向有关部门了解食品安全信息，对食

① 杨明亮、刘进：《美国食品安全体系中存在的弊端及改革动向》，载《中国卫生法制》2005年第3期。

品安全监督管理工作提出意见和建议。如果消费者在举报时受到推诿可以向相关部门举报监管部门。二是知情权。需要由卫生部门统一公布的食品安全信息一般包括国家食品安全总体情况、食品安全风险评估信息和食品安全风险警示信息、重大食品安全事故及其处理信息，以及其他重要的食品安全信息和国务院确定的需要统一公布的信息等。食品安全监督管理部门应当依法公布食品安全信息，为公众咨询、投诉、举报提供方便；任何组织和个人有权向有关部门了解食品安全信息。三是提出意见和建议的权利。任何组织或者个人有权举报食品生产经营中违反本法的行为，有权向有关部门了解食品安全信息，对食品安全监督管理工作提出意见和建议。《食品安全法》同时强调了新闻媒体的公益宣传和舆论监督作用。当前，尤其要营造食品安全社会监督的平台（如公开透明的投诉体制），同时加强对举报人员的安全保护，鼓励公众的举报积极性。

只有将政府监管与行业自律、社会监督有机结合，才能形成全方位的立体监管体系，以推进全社会共同关心、共同监督的食品安全新局面尽快形成。

（四）构建合理的风险评估和风险交流模式

如上所述，虽然我国的《食品安全法》也承认建立风险管理的预测模式，相较于原来的《食品卫生法》可谓很大的进步。传统的食品安全管理侧重于对食品安全事故的事后救济，这在效果和效率上都不能使消费者满意。而根据现代的食品安全风险管理的原则，须将事后的救济转变成为事前的有效预防。这就为风险管理机关提出了更高的要求，不仅要在风险发生的源头上设置足以提前发现风险存在的控制点，还要采取一系列的措施将发现的风险消灭于萌芽状态。这种规制手段的转变不仅提升和明确了风险管理机关的责任，同时还有利于规制措施的有效执行，并提高规制效率和统合各项食品安全标准。

虽然我国提出风险管理的模式，但在具体实施风险分析模式的基本理念和举措方面仍显得有所缺失。首先，风险评估是对食源性危害可能对人体健康造成的影响和损失进行的量化评估工作。换言之，风险评估就是量化测评食源性危害带来的影响或损失的可能程度，其评价结果具有普遍的适用性。风险评估不仅为突发性食品安全事件的处理提供了科学依据，同时也是制定和修改食品安全标准，确定食品安全监管重点，以及评价食品安全规制措施实施效果的必要依据。风险评估分为危害识别、危害特征描述、暴露评估和风险特征描述四个步骤。危害识别的目的首先是明确危害是什么，然后判定这种危害物质的毒性大小以及人是否能接触等，从而为判断是否有必要进行更深入的评估做前提准备。危害特征描述主要是通过动物试验、志愿者试验、流行病学调查、体内和体外（如体细胞）试验、数学模型等来推导和获取危害剂量与人体不良反应之间的直接对应关系。暴露评估，即评估人接触到危害的所有信息，包括接触时间、频率、环节及其相应剂量等。例如，农药可以通过口、皮肤和呼吸道等不同途径导致人体中毒，必须评估在农产品的种植、采收、包装、储藏、烹调、食用等各个环节中人可能接触的剂量，并用“暴露量”来进行标识。风险特征描述就是对以上各环节的结论进行科学的分析、判定和总结，确定其是否有害以及有害的概率等，最终以书面报告的形式表述出来，为风险管理部门提供决策的依据。

不过，我国对于风险评估所需具备的动物实验、流行病学调查等似乎做得并不理想。

其次，食品安全保障的核心理念应该是以消费者利益为核心，以国民的健康为主导。虽然我国在新实施的《食品安全法》中没有以法条的形式直接体现出“消费者优先”的理念，但整部法律也能体现“消费者利益为先”的价值核心，不过似乎“消费者优先”的理念就真的仅仅作为理念而束之高阁了，在制定具体食品安全衡量和保障的制度时似乎忽视了这一理念的具体运用。

在食品安全的风险分析制度设计上，虽然我国与国际接轨也提出了食品安全的风险评估和风险交流的制度，可是对于风险交流中具体措施的制定却做得不够。例如，按照发达国家的食品安全保障经验，在进行风险交流时，在食品安全规制措施的制定、实施的过程中，要强调监管机构、独立评估机构与消费者之间的对话和交流，广泛听取消费者的反馈意见，并将其中的合理化建议反映到措施的制定和实施中。这样“消费者的意见”就作为“消费者利益为先”的具体体现反映在相关立法当中。

因此，我们应该在食品安全基本法的基础上，尝试建立消费者参与的制度：一是在决策、执行机构中吸收消费者代表的参与，积极鼓励消费者提出宝贵意见；二是建立食品安全专门咨询组织，制定科学、民主的评议程序，以及向消费者提供专门的活动平台，使这些制度正式化、日常化；三是公开举行食品安全重大问题听证会、讨论会；四是建立与消费者维权组织即利益相关者组织的对话机制。①

通过这些方式吸纳和采用消费者意见和建议，无疑会增加食品安全规制措施的民主性、可行性和可信性，从而提高规制的效果。

此外，“消费者优先理念”也是对食品企业经营管理理念的一次变革，其能够有效地促使企业提高自我约束的积极性和主动性。最近几年中国发生的几起重大食品安全事件，究其原因，除了政府监管规制不力之外，主要还是由于食品企业自我道德意识和自我约束能动性的缺失。中国企业在很长一段历史时期内过于偏重企业自身的利益而忽视了消费者的利益存在。因此，也就导致了中国食品企业在相当一段时间内扭曲了生产者和消费者的关系。而《食品安全法》出台后，其以法律的形式强制食品企业进行自我反省，重新树立消费者为先的理念，并在此基础上调动起企业进行食品安全规制的积极性，扭转了企业病态的经营理念。同时，在树立消费者优先的经营理念的同时，企业自身也得到了更大的经济回报。虽

① 张芳：《中国现代食品安全监管法律制度的发展与完善》，载《政治与法律》2007 年第 5 期。

然从经济学的角度看，采取食品安全规制措施在一段时间内会增加企业的生产成本从而影响其经济效益。但如果是在一个以消费者利益为先的较为成熟和完善的市场机制中，消费者就会优先选择那些质量好的产品，从而使企业获得良好的品牌效应，进而提高产品的销售价格和数量，这样就弥补了企业采用安全规制措施而额外增加的成本，进而最终实现消费者和企业双赢的局面。应该说，“消费者优先”理念是目前中国食品安全规制最为基础、最为根本的立足点，只有在该理念的指引下才能真正构建起一个完整而有效的食品安全规制法律体系。

（五）借鉴发达国家先进的食品安全监管制度

如前所述，欧盟的食品安全法律体系中包括许多重要的制度安排，如危害分析与关键控制点制度（HACCP）、食品与饲料快速预警系统（RASFF）、可追溯制度、食品或饲料从业者承担责任制度、风险分析与风险评估制度、预防制度等，这些制度安排加强了食品安全法规的有效性、科学性和专业性，成为解决食品安全问题的重要机制，在确保食品安全方面发挥着重要的作用。

我国以前在实践中偶尔也有使用上述制度的情况，但这并不是一种普遍现象（如我国曾推行 HACCP 系统，却局限于出口食品），当时的食品安全法律法规中也缺乏对这些制度的规定。我国《食品安全法》及其实施条例的颁布实施改变了这种状况，该法规定了食品安全监测与评估制度、良好生产规范及危害分析与关键控制点体系认证制度、食品从业者承担责任制度、食品召回制度、可追溯制度等，为系统有序地解决当前食品安全问题提供了法律制度保障，使得我国食品安全法律开始与国际接轨，应该说是我国食品安全立法的一大进步。但从整体上看，与欧盟食品安全法律规定相比，我国法律对这些制度的规定仍显得过于原则，可操作性不强，在这方面也应借鉴欧盟的做法，尽快对以前的法律法规进行整理、修订，保证这些制度在其他有关的法律法规中也能得到贯彻执行，同时还应尽快制定这些制度的配套实施细则、实施指南或技术标

准，以便于执行者实施。

此外，我国的食品安全法律法规对于食品与饲料快速预警系统（RASFF）以及预防制度未作规定，这两种制度对于避免及快速处理食品安全风险具有重要作用。

以欧盟的食品与饲料快速预警系统（RASFF）为例，欧盟早在1979年就已开始使用食品与饲料快速预警系统[①]，之后为了应对不断出现的食品危机事件，在总结经验教训的基础上，2000年的《食品安全白皮书》明确提出建立欧盟快速报警系统，2002年的第178/2002号条例即《基本食品法》调整并正式确立了欧盟食品与饲料快速预警系统（RASFF）。RASFF是一个连接欧盟委员会、欧洲食品安全管理局以及各成员国食品与饲料安全主管机构的网络，它要求当某一成员国掌握了有关食品或饲料存在对人类健康造成直接或间接的严重风险的信息时，应立即通报给欧盟委员会，委员会根据有关资料决定风险的等级并转发给各成员国；欧洲食品安全局对于风险通报可以补充相关科学或技术信息，以协助成员国采取适当的措施；各成员国依据发布的通告进行反应，并将采取的措施通过快速预警系统报告给委员会；如通报的食品或饲料已发送到第三国，委员会还应向该第三国提供适当的信息。建立食品和饲料快速预警系统（RASFF）的目的是为当局在采取措施确保食品安全方面的信息交换提供一个有效的工具。

为帮助成员国，信息分为三类：（1）警告通报。①警告信息是当市场上销售的食品或饲料存在危害或要求立即采取行动时发出的。警告信息是成员国检查出问题并已经采取相关措施（如退回/召回）后发出的。通报旨在给所有的成员国提供信息，检查这些产品是否出现在他们的市场上，以便他们采取必要的措施。②必须要向消费者保证警告通报里涉及的产品已经召回或者正在召回中。

---

① 康恩臣：《欧盟食品安全法律体系评析》，载《政法论丛》2010年第2期。

成员国自行采取措施实现上述行为，包括向媒体提供详细信息（如果有必要的话）。（2）信息通报。信息通报是指市场上销售的食品或饲料的危害已经确定但是其他成员国还没有立即采取措施，因为产品尚未到达他们的市场或已不在市场上出售或产品存在的危害程度不需要立即采取措施。（3）禁止入境产品通报。①禁止入境产品通报主要是关于对人体健康存在危害、在欧盟（和欧洲经济区）边境外已经检测并被拒绝入境的食品或饲料。通报被派发给所有欧洲经济区的边境站，以便加强控制，确保这些禁止入境的产品不会通过其他边境站重复进入欧盟。②委员会每周公布一次警告和信息通报。由于有必要达到公开商业信息和保护商业信息的平衡，因此贸易名称和各个公司的名称都没有公布。这对消费者来说并没有坏处，作为一个 RASFF 通报只要表达出已经采取了措施或是正在采取措施即可。③公众应该了解委员会除了公布这些信息外无须透露更多信息。但是在保护人的健康要求更高透明度的特殊情况下，委员会将通过惯例的联系渠道采取措施。[①]

最近，欧盟为了促进食品和饲料快速预警系统（RASFF）的不断发展，对系统进行了更新。例如，自 2007 年第 15 周起，“欧盟食品和饲料快速预警系统发布的警告及信息通报”新增加了两个栏目，分别是“监控类型”（Type of Control）和“情况”（Status）。“监控类型”主要分以下几类：（1）“边境监控—拒绝入境”（Border Control - Import Rejected），即当进口货物被拒绝入境时，将其控制在欧盟（及欧洲经济区）外的边防站；（2）“边境监控—筛选抽样”（Border Control - Screening Sample），即通过对边防站样品的分析而发出通报，但该类产品已经进入欧盟市场；（3）“市场监控”（Market Control），即在欧盟（及欧洲经济区）内部市场上的官方控制；（4）“企业自检”（Company Own - check），即根

---

① 《2008 年欧盟食品与饲料快速预警系统（RASFF）新变化》，http://www.foods1.com/content/552621/。

据某一企业向主管当局通报的自检结果而发出通报；（5）“消费者投诉”（Consumer Complaint），即根据消费者向主管当局提出的控诉及被归入该类的食品中毒事件报告而发出通报。“情况”一栏包含两层含义，即“销售情况”（Distribution Status）和“采取的措施”（Action Taken）。（1）“销售情况”，即在通报发布时，市场上产品的可能的销售情况。此处的“市场”是指地理学意义上的“欧盟内部市场”，即并不意味着该产品已经上市销售，而通常情况下该产品尚未上市；（2）“采取的措施”，即在通报发布时，通报国已经采取的措施；如果在预警通报中没有采取措施，则通常表示该产品尚未在通报国的市场上出现，但可能已经在欧盟其他成员国的市场上出现。[①] 而且，上述的“禁止入境产品通报”也是欧盟自2008年第一周起在原有的“警告通报”和“信息通报”两个信息之外新增加的。

可见，欧盟食品与饲料快速预警系统（RASFF）使得欧盟委员会以及各成员国能够迅速发现食品安全风险并及时采取措施，避免风险事件的进一步扩大，从而确保消费者享有高水平的食品安全保护。我国在今后的食品安全立法改革和调整中，有必要参考欧盟的相关法律法规，有选择地引进并建立快速预警制度以及相关制度。

另外，应当完善食品召回制度，加大对违法者的处罚力度。食品召回是针对不安全食品实施的一种快速救济、补救行为。对于实际生活中出现的食品召回主体界定、消费者索赔难的问题，建议立法扩大食品召回主体范围，把食品经营者、国外进口食品代理商、境外食品生产商一并纳入召回主体，这样消费者进行索赔才有现实可行性，才能把不安全食品对消费者造成的损害降到最低限度。而对于食品生产者不按规定程序实施食品召回行为，一方面要在立法

---

① 《2008年欧盟食品与饲料快速预警系统（RASFF）新变化》，http://www.foods1.com/content/552621/。

上加大对食品生产经营者的处罚力度，使企业认识到如不积极进行食品召回，将受到更大的经济处罚，甚至陷入关停的境地。另一方面，考虑食品企业的召回所需的实际成本，如实行食品召回必须建立食品溯源制度，要有相关的设备、数据库等，食品召回的广告通知费用、运输费用等，这都不是一些中小食品企业所能承受的。因此建议把保险制引入食品召回制度中，做到防患于未然。企业先行召回，所出费用由保险机构承担，不失为解决现行企业食品召回难以真正落实的良策。

同时，进一步规范食品安全信息发布机制。食品安全监管不是一个单一部门的工作，各部门之间要相互配合，相互协作。对于本部门的日常食品安全监督管理信息，尤其是检查、抽查、查处的各类违法信息，应建立一个资源共享的电子信息平台，加强信息的互相通报制度。同时食品安全事件发生时，按照职权划分，各信息发布单位对公众公布的信息要及时、准确、规范、科学，以免造成不必要的恐慌。事实上，人们无法了解食品的配方、制作方式、运输渠道和潜在危害本身就是食品安全的一个问题，规范食品信息发布机制，最终的目的是把食品安全事件引起的不良后果最小化。

第三章　风险社会视野下食品安全保护的刑法改革

第一节　风险社会下刑法之危机与应对

工业革命与现代科技深刻改变了人类的生活秩序与方式。提供了传统社会无法想象的物质便利，也创造出众多新生危险源，导致技术风险的日益扩散。现代社会越来越多地面临各种人为风险，从电子病毒、核辐射到交通事故，从转基因食品、环境污染到犯罪率攀升等。工业社会由其自身系统制造的危险而身不由己地突变为风险社会。①

人们在享受科学技术高速发展给我们带来方便的同时，也在忍受着技术发展给社会带来的危险。道路交通、航空、矿山、化工企业以及核工业的发展以及每天见诸报端的各种事故，使我们更加意识到这一点。法律以社会为基础，法的形成及其功能进化与社会的变迁密不可分。刑法作为法秩序共同体安全且最有力的保护者也应当以社会为基础，随着社会的变动而变动。在德国学者贝克将现代社会视为“危险社会”的同时，我们也应该考虑在这样的“危险社会”，刑法如何适应新的社会变化而更好地保护公民的法益。

① ［德］乌尔里希·贝克著：《世界风险社会》，吴英姿等译，南京大学出版社2004年版，第102页。

一、风险社会的刑法危机

按照德国学者贝克的观点，现代风险具有不同于传统风险的独特性质：一是风险人为化。人类决策与行为成为风险的主要来源，人为风险超过自然风险成为风险结构中的主导内容。二是风险兼具积极与消极意义。现代风险是中性概念，它会带来不确定性与危险，也具有开辟更多选择自由的效果。三是风险影响后果的延展性。现代风险在空间上超越地理与文化边界的限制呈现全球化态势，在时间上其影响具有持续性，不仅及于当代，还可能影响后代。四是风险影响途径不确定。现代风险形成有害影响的途径不稳定且不可预测，往往在人类认识能力之外运作。五是风险的建构本性。现代风险既是受概率和后果严重程度影响的一种客观实在，也是社会建构的产物，与文化感知及定义密切相关。它不仅通过技术应用被生产出来，而且在赋予意义的过程中由对潜在损害、危险或威胁的技术敏感所制造。①

由于风险社会所具有的全球性、普遍性和不可控性的特点，导致人们对现代生活的不安全感上升，在当今市场经济指引下，很多商人唯利是图，对关系民生的食品、药品下黑手，再加上很多基因食品的潜在危险无法预知，部分监管部门的失职与放任，这些因素导致社会上不断涌现问题食品、问题药品的曝光，使得公众无法对食品、药品具有足够的信任。同时，随着城市化和工业化进程的加速，无论是农村还是城市，都面临着居住环境被破坏的威胁。城市里汽车的尾气污染，高楼幕墙的光学污染，交通工具的噪声污染，厂矿企业的废水废气污染等，无时无刻不在你我的身边发生。此外，在现代风险社会中又增加了很多新型的公共危险来源，如核能、化学物品、基因技术等，由于这些技术具有先天性的不可避免

① Adam, Beck & van Loon (eds.), The Risk Society and Beyond. London: Sage Publications, 2000, Introduction, p. 2.

的风险，甚至具有浩劫潜在性。这些因素使我们的社会面临着各种多发的风险，如果控制不好，将会造成不可估量的危害后果。

这些特性也决定了风险社会中公共政策的基调：不是要根除或被动防止风险，也非简单考虑风险的最小化，而是设法控制不可欲的、会导致不合理的类型化危险的风险，并尽量公正地分配风险。对这项规制任务，刑法显然有些力不从心。[①]

首先，传统刑法中个人化的、物质性的、静态的法益范畴[②]无法涵盖新的权益类型。刑法的任务是保护法益，没有或者不允许有不针对特定法益的刑法规定。[③] 据说，“法益”概念最先是由宾丁在其《规范论》（1872 年）中提出来的。[④] 宾丁的《规范论》认为，刑罚法规即处罚行为的法规，与禁止、命令一定行为的行为规范，在逻辑上是分离的，两者具有不同的机能，犯罪是违反规范的行为。根据宾丁的见解，犯罪并不是违反制裁法即刑罚法规的行为，相反是符合刑罚法规前句所规定的构成要件的行为；因此，犯罪所违反的不是刑罚法规本身，而是违反了作为刑罚法规前提的一定的行为法，即规定禁止或命令一定行为的规范。而且，规范之所以禁止引起某种结果，是因为所禁止的行为可能造成的状态与法的利益相矛盾，另外行为前的状态是与法的利益相一致的，不应通过变更而被排除的所有这些状态具有法的价值，这就是法益。宾丁认为，法益在立法者眼中，作为法共同体的健全生活条件，对于法共同体具有价值；维护法益不受变更、不被扰乱，是法共同体所享有

---

① 劳东燕：《公共政策与风险社会的刑法》，载《中国社会科学》2007 年第 3 期。

② Stratenwerth，Das Strafrecht in der Krise der Industriegesellschaft，Verlag Helbing &Lichtenhahn Basel 1993，S. 17.

③ ［德］冈特·施特拉腾韦特、洛塔尔·库伦著：《刑法总论》，杨萌译，法律出版社 2006 年版，第 29 页。

④ ［日］伊东研祐著：《法益概念史的研究》，成文堂 1984 年版，第 68 ~ 69 页。

的利益，因此立法者必须通过规范努力保护法益不受侵害或者威胁。[①] 而李斯特是通过考察刑罚的本质而展开的。李斯特在《刑法中的目的观念》一文中首先提出了以下问题："刑罚，是作为报应、是犯罪概念的必然结果呢？还是作为保护法益的形式、是有目的意识的国家组织的创造物乃至机能呢？是排除其他某种根据，着眼于未来寻求其正当根据呢？"[②] 并且认为，"刑罚是被作为防卫法秩序的手段来认识的，刑罚不能不为防卫法益服务。因此说刑罚的历史是人类法益的历史也不过分。"[③] 李斯特指出，由刑罚所保护的对象就是法益；具体而言，对个人与国家的生活条件进行相互比较后，作为法所保障的生活关系而被固定化、规范化的东西就是法益。[④]

不论宾丁将法益认为是只有与法规范相联系，只有立法者对一项法益提供法律保护的决定最重要，还是李斯特将法益定义为生命自身产生的人类利益也好，但似乎一般认为，"只有当涉及个体利益（生命、身体不受侵害，自由等）时，法益这个概念才有具体内容"[⑤]，而在风险社会下，"大部分人口的贫困化——'贫穷风险'——迫使19世纪一直屏住呼吸。'技能风险'和'健康风险'曾经一直是自动化过程以及相关的社会冲突、保护（和研究）的主题。为了建立社会福利国家模式，减少或限制这些类型的风险，人们在政治上着实付出了一些时间和努力。尽管生态和高科技的风

---

① ［日］伊东研祐著：《法益概念史的研究》，成文堂1984年版，第80页。

② ［日］庄子邦雄：《李斯特》，载［日］木村鬼二主编：《刑法学入门》，有斐阁1957年版，第88页以下。

③ ［日］庄子邦雄：《李斯特》，载［日］木村鬼二主编：《刑法学入门》，有斐阁1957年版，第95页。

④ 张明楷著：《法益初论》，中国政法大学出版社2003年版，第35页。

⑤ ［德］冈特·施特拉腾韦特、洛塔尔·库伦著：《刑法总论》，杨萌译，法律出版社2006年版，第29页。

险已经搅扰了公共相当长的时间……在它们所产生的苦难中，它们不再与它们起源的地方，即工业工厂相联系。从它们的本质上看，它们使这个行星上所有的生命形式处于危险之中。标准的计算基础——事故、保险和医疗保障的概念等——并不适合这些现代威胁的基本维度。例如，核电站单独来看不可能被保险或者说是不可保险的。原子能事故已经不是事故了。它超出了世代。那些当时还未出生的或者多年以后在距离事故发生地很远的地方出生的人，都会受到影响。”① 也就是说，传统刑法保护法益的对象侧重于个人或者不特定多数人，而在风险社会下“还未出生的或者多年以后出生的”世代都可能成为危险的对象。并且传统刑法形成于绝对主义国家背景下，以国家与个体的二元对立为其构建的逻辑基础。在以公法为其定性的背景下，其价值取向在于国家对个体权利的保障，法益概念当然也主要围绕个体权利进行构建。因此产生了以个人法益为中心的法益概念。这样在风险社会的影响下，主宰刑法思想的法益概念也面临很大的危机。

其次，传统刑法中以个人责任为主的责任形式存在很大的危机。传统刑法的责任主体只限于个人，但风险社会中生产风险的主要不是个人而是各种组织。“我们企图在破坏性影响与个人因素间建立联系，而后者很少能够从工业生产模式的复杂体系中被分离出来。在商业、农业、法律和政治的现代化中，高度专门化的机构在系统上的相互依赖是与不存在可分离的单个原因和责任的情况相一致的。是农业污染了土壤，或者耕种者只是破坏过程中一个微不足道的环节？他们对于化学饲料和肥料工业来说或许只是次级的和从属的市场？可以对他们施加影响来预防土地的污染吗？专家原本在很早以前就可以禁止或者彻底限制这些有毒化学品的销售，但他们没有这样做。相反，依靠科学的支持，他们继续发放生产‘无害’

---

① ［德］乌尔里希·贝克著：《风险社会》，何博闻译，译林出版社 2003 年版，第 19 页。

的有毒化学产品的许可证，而那些化学品正在深深地影响着我们（而且还会更深）。专家、科学和政治，谁会接过这烫手的山芋？但首先他们都不种地。那么是耕种者吗？……换言之，与高度分化的劳动分工相一致，存在一种总体的共谋，而且这种共谋与责任的缺乏相伴。任何人都是原因也是结果，因而是无原因的。原因逐渐变成一种总体的行动者和境况、反应和逆反应的混合物，它把社会的确定性和普及性带进了系统的概念之中。这以一种典型的方式揭示了系统这个概念的伦理意义：你可以做某些事情并且一直做下去，不必考虑对之应付的个人责任。这就像一个人在活动，却没有亲自在场一样。一个人进行物理的活动，却没有进行道德或政治的活动。"①

这就是贝克所言的"组织化的不负责任"，贝克在《世界风险社会》一书中指出，公司、政策制定者和专家结成的联盟制造了当代社会中的危险，然后又建立一套话语来推卸责任。这样一来，它们把自己制造的危险转化为某种"风险"。通过"组织化的不负责任"这一概念，他揭示"现代社会的制度为什么和如何必须承认潜在的实际灾难，但同时否认它们的存在，掩盖其产生的原因，取消补偿或控制"。具体来说，这种"有组织的不负责任"体现在两个方面，一是尽管现代社会的制度高度发达，关系紧密，几乎覆盖了人类活动的各个领域，但是它们在风险社会来临的时候却无法有效应对，难以承担起事前预防和事后解决的责任；二是就人类环境来说，无法准确界定几个世纪以来环境破坏的责任主体。各种治理主体反而利用法律和科学作为辩护之利器而进行"组织化的不承担真正责任的活动。② 即由人为风险造成的显性与潜在的破坏日

① ［德］乌尔里希·贝克著：《风险社会》，何博闻译，译林出版社 2003 年版，第 33～34 页。

② 史红斌：《苏丹红——有组织的不负责任》，载《当代经理人》2006 年第 9 期。

趋严重，却没有人或组织需要对此负责。

因此，正视风险社会的后果，意味着“对曾经达成的（责任、安全、控制、危害限制和损害后果的分配）标准设定了重新定义的任务”。[①] 所以，在风险社会，人本身就是风险的制造者。风险社会要求任何人必须遵守一定的安全规则，正是行为人没有遵循这些安全规则而且对风险的实现具有预测可能时，其行为最终导致风险有发生危险的，刑法基于共同体安全的考虑就应当对其作出反应。刑法反应的依据是行为人个人所带来的危险。

最后，传统刑法针对实害发生的保护无法防卫风险社会中不可预测的风险。在工业社会中，刑法反应的依据主要是行为所造成的客观实害，传统刑法强调犯罪的本质是法益侵害，这种侵害一般要求是现实的物质侵害后果。在风险社会中，侵害后果往往很难被估测和认定，化学污染、核辐射和转基因生物等可能引发的危害已经超越了目前人类的认识能力。

“风险当然不会在已经发生的影响和破坏上耗尽自身。这里必须存在一种已经发生的破坏结果和风险的潜在要素间的区分。在第二种意义上，风险主要表现了一种未来的内容。这部分是基于现存的可计算的破坏作用在未来的延续，部分是基于普遍的缺乏信心和‘风险倍数’。……在根本意义上，风险既是现实的又是非现实的。一方面，有很多危险和破坏今天已经发生了：水体的污染和减少，森林的破坏，新的疾病等。另一方面，风险对社会的刺激实际在于未来预期的风险。在这个意义上，存在一旦发生就意味着规模达到以至于在其后不可能采取任何行动的破坏的风险。因而，即使作为预测，作为对未来的威胁和诊断，风险也拥有并发展出一种与预防性行为的实践联系。风险意识的核心不在于现在，而在于未来。在风险社会中，过去失去了它决定现在的权力。它的位置被未来取代

---

① 劳东燕：《公共政策与风险社会的刑法》，载《中国社会科学》2007年第3期。

了，因而不存在的、想象的和虚拟的东西成为现在的经验和行动的‘原因’。”①

这样，由于在风险社会中存在不可预测的未来风险，因此刑法不能等到某种实际损害发生时才介入。只要行为人本身通过其行为已经显示出某种危险，刑法就应当作出一定的反应。恰恰是由于风险社会中法益的普遍性、世代性，因果关系的广泛性，责任主体的不易追究性或者“有组织的不负责”性以及风险的不可预测性和破坏性，导致我们更应该反思刑法存在的价值。

我国《刑法》第2条规定：“中华人民共和国刑法的任务，是用刑罚同一切犯罪行为作斗争，以保卫国家安全，保卫人民民主专政的政权和社会主义制度，保护国有财产和劳动群众集体所有的财产，保护公民私人所有的财产，保护公民的人身权利、民主权利和其他权利，维护社会秩序、经济秩序，保障社会主义建设事业的顺利进行。”简而言之，刑法的任务就是惩罚犯罪和保护法益两个方面。刑法的终极目的是保护法益，保护的方法是禁止和惩罚侵犯法益的犯罪行为。惩罚与保护密切联系：不使用惩罚手段抑制犯罪行为，就不可能保护法益；为了保护法益，必须有效地惩罚各种犯罪；惩罚是手段，保护是目的。②

与刑法目的相关的是刑法的机能，即刑法现实与可能发挥的作用是什么。外国学者一般认为，刑法具有三方面机能，即行为规制机能、法益保护机能及自由保障机能。何为行为规制机能？如日本学者西原春夫所言：“刑法最本质的机能在于，根据预告一定的犯罪科处一定的刑罚，明示对该犯罪的国家规范的评价。并且这种评价包含这样的内容，即各种各样的犯罪与各种各样的刑罚的强制力程度相当。由于明确这样的评价，刑法对于一般国民，作为行为规

① ［德］乌尔里希·贝克著：《风险社会》，何博闻译，译林出版社2003年版，第34~35页。

② 张明楷著：《刑法学》（第二版），法律出版社2003年版，第31页。

范，起着命令遵守它的作用；另外，对于司法工作者，作为裁判规范，成为认定犯罪及适用刑罚的指针。这无非是刑法的规制的机能。”[①] 保护法益机能，是指刑法规范以犯罪为条件对之规定作为法的效果的刑罚，保护由于犯罪遭受侵害或威胁的价值或利益的机能。法律上所保护的价值或利益，称之为法益。在这个意义上，所有的犯罪规定都是以保护法益为目的，没有法益就没有犯罪。所以，保护机能不外乎保护法益机能。自由保障机能，是指刑法规范限制国家刑罚权的发动而保障个人自由的机能。这由来于规定以符合构成要件、违法、有责的行为即犯罪为条件而加以法的效果即刑罚的旨趣。这种情况对于国家来说，意味着只要犯罪不存在即不许发动刑罚权，从而限制了国家的刑罚权；对于刑法适用的人来说，第一，意味着任何国民只要不实施犯罪就保障不受国家刑罚权干涉的自由；第二，意味着实施犯罪的人作为对其犯罪的法的效果，保障不被科处所规定的刑罚以外的刑罚的自由。从这样的意义上可以说刑法首先是“善良国民的大宪章”，其次是“犯人的大宪章”。[②]

我国刑法学者一般认为，刑法具有规制机能（行为规制机能）、保护机能（法益保护机能）、保障机能（人权保障机能）[③]；但也有学者提出两机能说，认为：“行为规制机能与法益保护机能、人权保障机能并非并列关系。因为规制国民的行为是为了保护法益，而不是为了单纯地限制国民的自由而规制国民的行为。所以，仅将刑法的机能归纳为法益保护机能与人权保障机能即可。”[④]

马克昌教授也赞同“规制机能与保护机能、保障机能不是并列关系的观点，是高一层次的机能。”“规制机能下层次的机能则

---

① ［日］西原春夫著：《刑法总论改订版》（上卷），成文堂1995年版，第9~10页。

② 马克昌：《刑法的机能新论》，载《人民检察》2009年第8期。

③ 马克昌主编：《刑法学》，高等教育出版社2007年版，第5~6页。

④ 张明楷著：《刑法学》（第三版），法律出版社2007年版，第26页。

为派生的机能。派生的机能应为惩罚犯罪与保障人权两机能。刑法的机能中缺少惩罚犯罪的机能，与刑法的规定不相符合。《刑法》第2条明文规定‘用刑罚同一切犯罪行为作斗争’的任务即惩罚犯罪的任务，刑法之所以能完成这样的任务，正在于刑法客观上具有惩罚犯罪的机能。同时，惩罚犯罪也就保护了法益，这是一个问题的两方面。并且保护法益的机能并非刑法所特有，民法、经济法也保护法益，刑法通过惩罚犯罪保护法益体现了刑法的特色。将保障人权与惩罚犯罪并列为刑法的机能，既有宪法和罪刑法定主义的根据，又可以对惩罚犯罪有所限制，避免刑罚权的滥用，以利于公正审判。”①

这样，不论在行为规制还是在惩罚犯罪、自由保障等方面，都侧重于通过对犯罪人发动刑罚权来达到刑法的目的。而关于刑罚发动的正当化根据，存在报应刑论和目的刑论的争论。报应刑论将刑罚理解为对犯罪的报应，即刑罚是针对恶行的恶报，恶报的内容必须是恶害，恶报必须与恶行相均衡。基于报应的原理对恶害的犯罪以痛苦的刑罚进行报应，就体现了正义，这就是刑罚的正当化根据。目的刑论认为，刑罚本身并没有什么意义，只有在为了实现一定目的，即预防犯罪的意义上才具有价值，因此在预防犯罪所必要而且有效的限度内，刑罚才是正当的。

可见，传统刑法侧重于对犯罪人所实施危害行为或者造成实际危害结果的惩罚。但是随着科技的发展以及全球化的推进，传统的工业社会逐渐被风险社会所取代。在当今风险社会中，各种危险来源广泛存在，如核能、基因技术等新型危险源所造成的危害公众安全的事件频繁发生，对世界以及公众的影响极其严重。而传统的报应主义刑法不能满足法秩序共同体在风险社会中对安全保证的现实需要，因为按照传统的报应主义刑法理论侧重于危险行为造成客观侵害之后刑法才能作出反应，这与风险社会中要求减少、限制风险

---

① 马克昌：《刑法的机能新论》，载《人民检察》2009年第8期。

的客观需要是不相适应的。

在风险社会中，当行为具有高度侵害法益的风险时，刑法如果不介入，这种风险一旦实现，对共同体的安全破坏将是灾难性的，为了能在风险社会中确保共同体生活的安全，刑法必须对一些特定的情况作出特殊的反应，对这种应受处罚的危险状态主要依照行为无价值观点对其进行否定性的评价，对其进行处罚的目的也是避免这种危险行为给法秩序共同体生活所带来的各种风险。以预防功能为主导的现代刑法强调行为的危险性前提，只要应受处罚的行为具有威胁法秩序共同体的危险，刑法就可以在该危险变成现实之前提前介入，将之扼杀在萌芽状态。

因此，刑法对犯罪的反应方式随着威胁共同体生活安全的风险增多而逐渐被人们所反思。在此背景下，原来的矫治主义逐渐受到了否定，人们更应该为自己的风险行为可能造成的威胁承担责任。因此，现今刑法对犯罪作出反应的目的应该从矫治而转向预防，刑法反应的方式也以预防行为人作出更大的风险行为为特征。

二、风险社会下刑法规范之扩张

基于风险社会的种种突发性危机，风险刑法的概念应时而生。风险刑法理论是相对于传统罪责刑法理论而言的，传统刑法理论认为，只有在应受处罚的行为造成客观侵害的时候，刑法的介入才是正当与合理的。然而在风险时代的今天，其已经无法充分适应社会发展的客观需求。所以，风险刑法理论认为，罪责刑法理论已经无力应对现代科学技术的危险，只有风险刑法才能对其作出有效的控制，而关键就在于扩大犯罪圈，把对社会的保护提前，以更好地防范与化解风险，从而满足社会安全的政策需求。因为“在现今的风险社会中，对安全的追求比以往任何一个时代都更加迫切，安全应当在法律理念的三个基本价值序列里被给予较之以往更多的关注"①，同时"法从产生之日起，它所具有的一个重要职能就是——保证共同体的安全，降低社会内部的风险。从这一点可以看出，所有国家的刑法都具有这个职能，如果离开这个职能，必然为社会带来安全的缺位——产生或增加危险或风险。"② 另外，风险刑法的理论构架是在罪责中加入预防性的内容，构建预防罪责论，并缓和刑法中的法益概念，而其内涵也由传统的物质法益范畴向精神法益范畴延伸，扩展到超个人的法益等。

"在这样的情况下，不是以法益侵害与对之事后处理为基调的刑法，而是设置以预防为主要目的的刑法和刑罚登场。在这里有抽象的危险犯、形式犯以及既遂以前的预备罪被关注的根据。法律规制法益侵害之前阶段的行为，在德国被称为法益保护的早期化、处罚阶段的提前或者刑法介入的前倾化。简言之，所谓法益保护的早期化是适应刑法规定所保护的法益，将该法益侵害的结果发生以前的危险行为或者着手实行以前的预备行为作为一个独立的犯罪处罚的倾向。"③

（一）将部分预备、未遂行为规定为独立的犯罪类型

各国刑法理论中对于犯罪未完成形态均有关于犯罪预备、犯罪未遂和犯罪中止的规定，主要考虑对于故意犯罪在其发展过程中由于主客观因素导致行为停止在不同阶段引发的不同停止形态的思考。在风险社会中，由于刑法处罚的侧重点由现实的法益侵害转向风险的预防，因此可以考虑将未完成形态规定为独立的犯罪，即对某些严重犯罪，即使停留在预备阶段或实行阶段，法益侵害结果还未发生，亦予以处罚，以预防严重侵害法益的结果发生。

---

① 郝艳兵：《风险社会下的刑法价值观念及其立法实践》，载《中国刑事法杂志》2009 年第 7 期。

② 赵书鸿：《风险社会的刑法保护》，载《人民检察》2008 年第 1 期。

③ ［韩］金尚均著：《危险社会与刑法》，成文堂 2001 年版，第 1 页。

传统刑法理论认为，刑法以行为符合犯罪构成要件作为追究刑事责任的依据，由于犯罪预备行为尚未着手实施犯罪实行行为，一般而言尚不构成对法益直接的现实的侵害，同时“主要是对预备犯举证困难，而且因为预备行为大多不具有刑法的意义”①，因而原则上不处罚犯罪预备行为。

但是在风险社会，法秩序共同体面临着各种各样威胁其安全的风险，这些风险在行为人实施预备行为时就已经具有实现的可能性，而这些风险一旦真正转化为现实，就会给法益造成无可弥补的重大损害，因而基于社会共同体安全的考虑，对这些预备行为予以前置性的刑法干预。

例如，德国刑法将某些具有典型特征和高度危险性的犯罪预备作为独立的犯罪予以处罚。例如，伪造货币的预备行为（第149条）、销售用于妊娠中止的工具（第219条b）、准备侵略战争（第80条）等。同样，我国台湾地区“刑法”第100条第2项预备犯普通内乱罪之规定、第103条第3项预备通谋开战端罪之规定也是将预备行为规定为独立犯罪构成要件的模式。对预备行为动用刑罚进行提前干预是否应当，这在德国刑法理论与实践中存在长期的争议，② 但现在理论和判例的趋向是逐渐达成共识，主要的原因就在于：“对这些预备行为采取特别早的措施，否则的话刑罚就不可能达到任何目的。”③ 在日本，2001年增设的有关银行卡电磁记录的犯罪明显地体现了这一做法。这一立法不仅将非法制作银行卡电磁记录和使用储存有非法制作的电磁记录的银行卡的行为规定为犯罪，而且还将转让、借与、走私、非法持有该卡，获取、提供、保管有关制作银行卡的电磁记录信息以及为制作磁卡准备器械与材料

---

① Maurach Gossel, Strafrecht AT 2, 7. Auf 1, 1989, § 39 II. 18.

② ［德］汉斯·海因里希·耶赛克、托马斯·魏根特著：《德国刑法教科书》，徐久生译，中国法制出版社2001年版，第611页。

③ Roxin, Strafrecht AT, Band 1, 1997, § 10, Rdnr. 124.

的行为统统规定为犯罪。这被认为是基于国际化和IT化背景的各种危险源的事前排除而产生的对策。[①]

未遂行为对法益侵害的危险明显要大于预备行为。实际上，对于具有一定程度的重犯罪来说，它们的未遂形态几乎都是刑法的处罚对象。[②] 在德国和日本，也有将未遂性质的行为规定为独立的犯罪的立法，如德国刑法第331条和第332条规定的接受利益罪和索贿罪。根据规定，公务员或者对公共职务特别负有义务的人就其职务活动为自己或者第三者要求、被约定贿赂的，就构成本罪的既遂。日本刑法第208条规定了暴行罪："施暴行而没有伤害他人的，处二年以下的惩役、三十万日元以下的罚金或者拘留或者科料。"本罪的保护法益是身体之安全，处罚的是对身体没有产生伤害结果的不法攻击行为，究其实质，处罚的是伤害未遂。

由此可以看出，刑法在风险社会中的保护范围逐渐向外推进。立法者将这些预备行为单设独立的构成要件而不是依附在基本构成要件上的立法模式"表明了立法者在向法秩序共同体发出禁止性的规范呼吁，以避免这些风险行为的实现"。[③] 对这些具有典型特征和高度危险性的犯罪行为，没有必要等到行为人已经实施一个完整的特定行为时刑法才予以反应，处罚这些预备行为的目的就是为了尽早地阻断法益被破坏的危险，从而维护法秩序共同体的安全。

当然，虽然德国刑法出于刑事政策上的考虑，将这些预备行为设立为独立构成要件的，但是为了避免刑法的过度干预，也为了鼓励行为人放弃这些危险的行为，从而客观上避免了这种危险造成更

---

① 参见［日］伊东研祐：《现代社会中危险犯的新类型》，郑军男译，载何鹏、李洁主编：《21世纪第四次（总第十次）中日刑事法学术讨论会论文集——危险犯与危险概念》，吉林大学出版社2006年版，第187~188页。

② 张明楷：《刑事立法的发展方向》，载《中国法学》2006年第4期。

③ 林东茂：《危险犯的法律性质》，载《台大法学论丛》第24卷第1期。

大的危害，对这些独立的预备犯通常规定了特殊的中止犯。例如，德国刑法第 149 条第 2 项规定对行为人预备伪造货币和有价票证的，如果主动放弃预备行为的实施，避免了由他引起的他人继续预备或实施该行为的危险或阻止行为完成的，或者将尚存的且可用于伪造的工具销毁，使其不能使用，或向当局报告伪造工具的存放处或将伪造工具交给当局的，不受处罚。这样就从规范上为鼓励行为人放弃危险行为，从而为避免更大危险行为的发生提供了保证，充分体现了风险社会刑法的预防风险功能。

（二）加强危险犯、持有型犯罪的定罪处罚

传统刑法处罚的主要是实害犯，犯罪结果侧重于对法益造成侵害的实害结果，那么风险社会下由于强调对威胁公众生命与健康危险的预防需要，结果则更多的是对法益的侵害或危险。这样，就应该侧重于刑法分则中预防性风险类型的犯罪的研究。

1. 危险犯

所谓危险犯，是指以发生法益侵害的危险为犯罪构成要件的犯罪。危险犯通常分为抽象的危险犯与具体的危险犯。抽象的危险犯，"是在具体的实例中，危害结果的发生不属于构成要件，一般的、典型的危险行为本身被处罚的犯罪。从而，抽象的危险犯的场合，预防侵害或危险本身不过是立法者的动机。由于不要求作为构成要件要素的危险的发生，所以通常在构成要件中不用'危险'的文字。不要'危险'的发生，危险是处罚的根据，不过是立法者的动机。抽象的危险犯意味着危险的发生被拟制的见解，在我国可以说是通说"。①

"所谓具体的危险犯，是指构成要件的充足要求法益侵害的具体的危险发生的犯罪类型。具体的危险犯的例子如日本刑法第 109 条第 2 款规定的放火罪。一般来说，在具体的危险犯中，作为构成要件要素，'危险'的文字被明示的场合较多。为了补充这样的具

① ［日］山中敬一著：《刑法总论》，成文堂 2008 年版，第 168 页。

体的危险犯的构成要件，有必要证明现实的危险发生了的事实。”①

在风险社会的影响下，德国刑法理论对抽象的危险犯也特别关注。“近年来，在刑法理论中具有较强影响力的面向预防、面向结果的背景下，抽象的危险犯处于被视为刑法预防有效的手段的倾向。的确，抽象的危险犯预防未来危险的发生，具有作为事前的预防手段的性质。”② 正如德国著名学者雅科布斯所指出的那样：“一种特别令人感叹的发展是，把保护相当严密地划定范围的法益特别是私人法益的刑法通过这种法益范围的延伸引向抽象的危险犯。”③

在立法方面，“在德国法益保护早期化倾向被意识的最初契机，在于以防止暴力及恐怖犯罪为目的的一系列立法。这些立法主要被包含在德国刑法典第七章‘对公共秩序的犯罪行为’之中。按照雅科布斯的分类，可以举出如下犯罪：‘侵略战争的挑动’（德国刑法典第 80 条 a），‘公然煽动犯罪’（第 111 条），‘建立犯罪组织、建立恐怖组织（第 129 条、第 129 条 a），‘煽动民众、鼓吹暴力、煽动种族仇恨’（第 130 条、第 131 条），‘赞同犯罪’（第 140 条第 2 款）与‘共犯的未遂’（第 30 条）等。这里的犯罪类型是预备，预备未遂，预备教唆、帮助，预备之教唆、帮助的未遂，教唆未遂，教唆预备及教唆预备的帮助等。然而，为了检讨法益保护早期化倾向，有必要在防止犯罪方面考虑如下犯罪：如环境污染问题（污染水域’（第 324 条）、‘污染土地’（第 324 条 a）、‘污染空气与噪音’（第 325 条）、‘危害环境的垃圾处理’（第 326 条）、‘设施的不法操作’（第 327 条）、‘核燃料物质的不法处理’（第 328 条）、‘保护必要区域的危险化’（第 329 条）），经济犯罪问题（‘救济金诈骗’（第 264 条）、‘投资诈骗’（第 264 条 a）、

① ［日］山中敬一著：《刑法总论》，成文堂 2008 年版，第 169 页。

② ［韩］金尚均著：《危险社会与刑法》，成文堂 2001 年版，第 1 页。

③ ［德］格吕恩特·雅科布斯著：《行为责任刑法》，冯军译，中国政法大学出版社 1997 年版，第 118 页。

‘信用诈骗’（第265条b）），麻药蔓延问题（麻药法第29条以下）、自动数据处理问题（‘探知数据’（第202条a）、‘破坏计算机’（第303条b））等抽象的危险犯的构成要件。”①

同时，在涉及食品卫生、金融、药物、交通等关涉生活共同体的各种利益方面，各国刑法几乎将相关犯罪规定为危险犯，其目的就是在没有遭到现实侵害或危险状态出现之前，刑法就进行干预。例如，我国刑法在危害公共安全罪一章中大量存在危险犯的相关规定，如放火罪、爆炸罪、投放危险物质罪和以危险方法危害公共安全罪以及关系到交通工具设施安全的破坏交通工具罪、破坏交通设施罪等。2011年2月25日第十一届全国人民代表大会常务委员会第十九次会议通过的《刑法修正案（八）》第22条规定：“在刑法第一百三十三条后增加一条，作为第一百三十三条之一：‘在道路上驾驶机动车追逐竞驶，情节恶劣的，或者在道路上醉酒驾驶机动车的，处拘役，并处罚金。有前款行为，同时构成其他犯罪的，依照处罚较重的规定定罪处罚。’”可见，我国对于日益频发的醉酒驾驶和危险驾驶事件已经将刑法规制的时段前置化了，因为在今天这样一个风险社会里，那种必须等到损害结果出现或者基于故意实现了现实紧迫的重大危险时才予以刑事规制的想法，已经无助于实现刑法的规范保护任务。只有将刑法保护提前介入，才能更好地发挥刑法的积极预防机能。张明楷教授也曾说过：“酒后驾车是交通肇事的高概率的先在行为，酒后驾车罪名的设立将会有利于减少重大交通事故的发生。”②可见，对于酒后驾驶、飙车等危险驾驶行为的刑事规制，不管是在理论上还是在实务上，都是我国刑法为了适应风险社会的现实而进行的有力尝试。

---

① ［韩］金尚均著：《危险社会与刑法》，成文堂2001年版，第1页。

② 张明楷：《危险驾驶的刑事责任》，载《吉林大学社会科学学报》2009年第6期。

2. 持有型犯罪

“持有”是作为独立的行为方式还是隶属于作为或不作为范畴的问题，在我国的刑法学界一直存在分歧。现在一般认为，“持有”是支配、控制特定物品或财产的一种状态，以持有特定物品或财产的不法状态为构成要件要素的犯罪就是所谓持有型犯罪(Possession offenses)。[①] 有学者认为，持有型犯罪本质上属于抽象危险犯，[②] 但似乎不可一概而论，不同的持有型犯罪具有不同的立法目的。

各国刑法中持有型犯罪构成的立法设计主要有两种情形：一是作为实质预备犯规定的持有特定犯罪工具或凶器的独立犯罪构成；二是就具有重大法益侵害直接危险的持有特定物品的行为，可能掩饰、隐藏重大犯罪行为的持有特定物品行为或者仅针对具有特殊法律义务的行为主体即国家公务员设定少量持有型犯罪构成。[③] 就前一情形的持有型犯罪而言，持有型犯罪构成的设置实际上是国家追究实质预备犯的刑事责任而运用的一种立法技术。这种类型的持有行为是实施其他目的行为的实质预备行为，立法者根据行为本身所具有的法益侵害危险而设计为独立的犯罪构成，立法目的在于惩罚早期预备行为以防止将来严重犯罪的发生，因而在危险社会，这种持有型立法被较多地采用，如持有枪支、弹药、爆炸物、危险物品等犯罪。这种类型的持有型犯罪本质上可以被理解为抽象危险犯。而第二种类型的持有型犯罪实际上发挥的是一种堵截犯罪的功能，如日本刑法规定的伪造货币预备罪处罚的便是预备行为。实际上，

① 梁根林著：《刑事法网：扩张与限缩》，法律出版社2005年版，第79页。

② 参见劳东燕：《公共政策与风险社会的刑法》，载《中国社会科学》2007年第3期。

③ 参见梁根林著：《刑事法网：扩张与限缩》，法律出版社2005年版，第86~88页。

持有型犯罪构成的设置已经成为国家追究实质预备犯的刑事责任而运用的一种立法技术。[①]

（三）刑罚理论：风险社会与保安处分思想

早期刑罚一元化时代下的刑罚观点，刑罚是用于对抗犯罪的唯一手段，这就是所谓的一元主义。许多现代国家在刑罚之外，将保安处分作为刑法上的法律效果，这样的主义成为二元主义，与仅以刑罚或保安处分其中的一个作为法律效果的一元主义相对应。在保安处分思想萌芽、刑罚制度走向双轨制处罚模式之后，保安处分也仍然是刑法制度中的安全措施，性质上仅仅是行政上的制裁措施之一，而直到社会防卫思想逐渐成熟之后，保安处分才具有现代刑事政策上的意义。

撇开过去的刑事思潮不谈，单纯对保安处分下定义，从文意进行解释认为，"保安"一词含有维护社会安宁与保护人犯安全两种意义，"处分"则是指类似行政上的安全措施，所以保安处分原本是具有双重意义而有别于刑罚处罚的制度。[②] 现在保安处分大致是指国家以社会防卫必要性为目的，基于维护社会秩序的必要及满足社会大众对生活安全之需求，除行使生命刑、自由刑、罚金刑等传统刑罚权外，对特定行为人实行教育、医疗、强制工作、行为监督等措施，借以矫治、改善特定行为人原有的人格特质，使其成为符合社会期待的一般人。

由保安处分产生的历史背景来看，保安处分制度的目的是防卫社会的安全。因为 19 世纪是刑罚报应主义思想最为风行的时代，当时以道义责任论为基础的报应主义，对于犯罪行为虽然可以加以处罚制裁，但是在罪责原则的强力限制下，纵使行为人作出符合刑

① 参见劳东燕：《公共政策与风险社会的刑法》，载《中国社会科学》2007 年第 3 期。

② 吴华山：《保安处分之探讨——以强制工作、感训处分为中心》，私立中国文化大学法律研究所 1993 年硕士论文，第 5 页。

法上构成要件的行为，且不具备任何违法阻却事由，但由于行为人不具有刑事责任能力，在刑法的检验上仍然不构成犯罪，刑事制裁手段根本无从实施，当然就无法对行为人施以制裁或矫正。这类人虽然称不上刑法中的犯罪人，但确实已经对社会造成危害，若只因为法律放弃制裁的实施，而没有正式解决处理这种问题，这些人日后有可能再度实施危害社会的行为，所以在防卫社会安全的目的考量下，有必要建立一套与以往以罪责为基础的刑罚完全不同的，而以行为人危险性为基础的保安处分制度，用来处理不具罪责的行为人处遇问题，以达到维护社会秩序不受侵害的目的。

正如 Garland 基于对近代犯罪与惩罚的观察指出，20 世纪 60 年代的刑事政策是以“刑罚—福利主义”为中心，当时认为刑罚措施应仅可能对行为人采取复归式措施，而非负面的报应惩罚，所以刑罚规范上可以容许不定期刑、重视专家鉴定与个别化处遇分类，犯罪学上则针对行为人个别病因与处遇效率进行研究，刑罚执行上则强调监禁的再教育目的，而不再以惩罚行为人为主要诉求。① 这些刑罚处遇上的特色其实与保安处分非常相近，其中强调刑罚应针对行为人个人特质实施矫治措施的做法，更是与保安处分的目的完全契合。所以“刑罚—福利主义”下的“没有诊断就没有处遇，没有专家意见就没有刑罚制裁”② 的根本信条其实带有保安处分的强烈色彩。

德国刑事政策向来就存在治疗犯罪行为人性格缺陷的想法，早在 1909 年的刑法草案中就已经有五种保安处分的制度设计，其后虽然经历纳粹极权统治时期，有《习惯犯罪人法》等扩张保安处分制度的法律，但多次修法始终维持着刑罚与保安处分并行的二元

① ［英］大卫·嘉兰著：《控制的文化——当代社会的犯罪与社会秩序》，周盈成译，巨流图书有限公司 2006 年版，第 47 页。

② ［英］大卫·嘉兰著：《控制的文化——当代社会的犯罪与社会秩序》，周盈成译，巨流图书有限公司 2006 年版，第 49 页。

架构，并因应着时代的需要增加或者减少保安处分的具体措施。现行德国刑法典在总则的第三章第六节有矫正与保安处分的规定，从第61条到第72条总共有六种保安制度存在，大致可以分为剥夺自由的保安处分与非剥夺自由的保安处分。

德国刑法在刑罚之外还规定有与罪责无关的矫正及保安处分，其理由在于，国家有保护公众和具体的居民免受犯罪行为侵害的任务，在某些情况下仅仅靠刑罚是不可能完成的，因为只有在行为人有责地实施犯罪行为的情况下，始可科处刑罚，且其刑度受有责地实施不法程度的限制。在刑事诉讼中对犯罪情况，尤其是对行为人的个性进一步研究表明，有些犯罪人还可能实施其他严重的犯罪行为，对这些严重犯罪行为的预防，仅靠与罪责相适应的刑罚——只要行为人有责任能力——显然是没有足够的效果的。在此等情况下就有必要对行为人实施的犯罪行为决定处罚的同一个刑事诉讼中，同时命令从其法律特征上看实际是以警察预防为目的的治疗，或者干脆同时判处适合于预防这些犯罪的保安处分。①

贝克认为，风险并不是现代性的发明。任何一个出发去发现新的国家和大陆的人——如哥伦布——当然已经认识了“风险”。这些是个人的风险，而不像那些随核裂变和放射性废料储藏而出现的问题，对整个人类来说这是全球性的威胁。在较早的阶段，“风险”这个词有勇敢和冒险的意思，而并不是意味着地球上所有生命自我毁灭这样的威胁。今天的风险和危险，在一个关键的方面，即他们的威胁的全球性（人类、动物和植物）以及它们的现代起因，与中世纪表面上类似的东西有本质的区别。他们是现代化的风险。它们是工业化的一种大规模产品，而且系统地随着它的全球化

① ［德］汉斯·海因里希·耶赛克、托马斯·魏根特著：《德国刑法教科书》，徐久生译，中国法制出版社2001年版，第966页。

而加剧。① 因此，现代的风险是一个无处不在，涉及全球性和不确定性的概念。

这样，风险社会中诸多不确定危险因素的存在恰好适应保安处分以预防思想为目的的制度设计。我国今天所处的社会发展阶段，显然与西方社会工业化、城市化的时期更为接近。②

我国刑法并未规定保安处分，而是通过相关的行政处置来实现预防犯罪、保护社会的目的，这显然有违刑法乃至法理的基本理念。与其将这些本属刑事性质的剥夺或限制自由等处分措施委于行政法律法规，还不如将之置于严谨规范的刑法之中。在相对罪刑法定原则的前提下，将社会危险行为与保安处分纳入刑法，是当今刑法发展的趋势。保安处分应对应特定对象。精神障碍患者、瘾癖人员、未成年人、特殊危险人员、其他危险人员等，实施了危害社会的行为并且具有较大的社会危险性，由于这些人员的刑罚能力成为问题，有的人员犯罪能力也有问题，从而无从合理地适用刑罚，或者通常的刑罚方法难以实现改造罪犯、预防犯罪、保护社会的目的，由此需要具体针对不同情形，采取各种相应措施，施以更为有效的矫治、改善、监禁、隔离。保安处分正是应对这种需要的合理的刑事处置。例如，心神丧失的人等实施了危害社会行为并具有社会危险性，但是由于其缺乏责任能力或者责任能力明显减弱，从而无从适用刑罚或者缺乏刑罚适应性，由此以矫治改善为核心内容的治疗监护处分就成为一种有力的方法。吸毒成瘾者、酒精瘾癖人员等，基于瘾癖实施了危害社会的行为，而瘾癖有其生物性依赖，从而这些人员具有较大的社会危险性，一般的徒刑执行场所无从实现矫治效果，由此置于具有治疗与禁绝机能的特殊治疗机构的强制禁

① ［德］乌尔里希·贝克著:《风险社会》，何博闻译，译林出版社 2003 年版，第 18 ~ 19 页。

② 周志荣、卢希起:《危险、风险的刑事抗制》，载《理论前沿》2006 年第 17 期。

戒处分成为当然的选择。常习犯（习惯犯）等已养成某种犯罪的恶习，从而具有较大的社会危险性，通常基于罪行主导的刑期以及行刑场所，无法实现对于这些人员的特殊预防的目的，因此有必要适当采取保安监禁处分，对其施以特别的矫正改善与监禁隔离，以便使其重返正常社会。

同时，现代社会角色分化程度较高，意识、职业群体、社会阶层等都日益多元化，社会的异质性明显增强。高度分化的社会形成了较高的功能性必要条件的环境，而将社会危险行为与保安处分分别同犯罪与刑罚相并列纳入刑法，构成犯罪、社会危险行为与刑罚、保安处分的刑法结构，必然提高刑法的分化程度，使其满足功能性必要条件的能力得以增强。①

因此，引入保安处分制度，是有效抗制风险社会中的危险因素的一个较好途径。

三、风险刑法扩张的尺度

风险社会要求刑法对法益保护的早期化，这样有利于预防未来危险的发生，当然更加有利于法益保护；但是，如果刑法的触角过早深入公民的生活，又会引发对公民个人利益的不当侵害。例如，德国学者瑙克在批评法益保护早期化倾向时指出："刑法扩大到没有确定的界限。"② 韩国学者金尚均批评作为法益保护早期化的犯罪形态——抽象的危险犯时说："成为抽象的危险犯的对象的行为，多属于日常的生活和生产的活动。在法律上这些行为处于违法与适法的界限上。对这样的行为，没有对法益的客观的危险、侵害，判断是否违法极为困难。"③

由于风险社会的刑法设想偏重于预防，使得刑法本身就蕴涵着

---

① 张小虎：《保安处分建构》，载《政治与法律》2008 年第 3 期。

② ［日］浅田和茂著：《刑法总论》，成文堂 2005 年版，第 8 页。

③ ［韩］金尚均著：《危险社会与刑法》，成文堂 2001 年版，第 3 页。

摧毁自由的巨大危险。德国刑法学者黑尔扎克（Herzog）所谓的危险刑法对刑法形成的危险，[①] 牛津大学教授艾雪沃尔斯（Ashworth）在评述犯罪界定的未完成模式时所提及的过早谴责之危险与国家权力无节制之危险，[②] 都无不根源于此。具体而言，这种危险首先表现在刑法适用的泛滥上。为管理风险造成的不安全性，创设了大量的新罪名，以对付日益扩张的社会经济病症。另外，创制的新罪名大多是规制性的，经常任意突破刑事责任的基本原则，以严格责任、危险犯、不作为责任或举证责任倒置等为特征。可以说，正是对刑法不受原则指导的、杂乱无章的建构，最终引发刑法是否是一项失败的事业的追问。[③]

在此我们认为，面对风险社会的种种不可预测性，为了达到刑法防卫社会安全的目的，在创制各种新型罪名以及司法实践中适用新原则的背后，应该坚持以比例原则和刑法谦抑精神为指导，做到风险社会防御与两者的很好融合。

（一）比例原则

比例原则（proportionality）是公法领域的重要原则，是指公法主体实施行为应兼顾目标的实现和保护相对人的权益，如果目标的实现可能对相对人的权益造成不利影响，则这种不利影响应被限制在尽可能小的范围和限度之内，二者有适当的比例。[④] 我国学者将比例原则定义为：比例原则作为保障人民基本权利之法原则，其所被期待的任务即在于要求国家机关的权力行使，不可逾越必要的限

---

① Claus Roxin, Strafrecht Allgemeiner Teil, Band I, 3. Aufl., 1997, S. 20.

② Andrew Ashworth, Defining Criminal Offences without Harm. In Peter Smith (ed.) Criminal Law: Essays in Honour of J. C. Smith, London: Butterworth, 1987, p. 16.

③ Andrew Ashworth, Is the Criminal Law a Lost Cause, Law Quarterly Review, vol. 116, 2000, p. 225.

④ 林志诚、张征：《刑法中比例原则的概念及定位》，载《法制与社会》2010年第2期。

度，并且对于所采取之手段与所欲追求的目的间应保持一定程度的合比例性要求，质言之，手段与目的之合比例性关系。①

一般认为，比例原则主要包括三方面内容：适当性原则、必要性原则和利益衡量原则。适当性原则指公权力机关执行职务时，面对多种选择，仅能选择能够达到所追求的目的的方法为之。② 此原则偏重“目的取向”上的要求。要求目的和手段之间要有一个合理的连结关系，且这种连结是正当、合理的。但是如果所采取的措施或手段只有部分有助于目的的达成，也不违反适当性原则，从本质上说，只要手段不是完全或全然不适合，就不违反比例原则。③ 必要性原则也称“最小侵害原则”，是指公权力行为欲侵犯人民之基本权，而有几种可能的途径可寻时，公权力机关应选择对于人民损害最小的方法为之。④ 法益衡量原则是指权力的行使虽是达到目的所必要的，但是不可给予人民超过目的之价值的侵害。⑤ 也有学者描述为：行政机关执行职务时，面对多数可选择之处置，应就方法与目的关系权衡更有利者而为之。⑥ 其要求国家行政权力的行使，为追求一定目的而采取的限制手段的强度不得与达成目的的需要程度不成比例。即因该限制手段所造成的侵害，不得逾越所欲追求目的而获致之利益。⑦

---

① 张志伟：《比例原则与立法形成余地》，载《国立中正大学法学集刊》1997 年 4 月 23 日。

② 城仲模著：《行政法之基础理论》，三民书局 1980 年版，第 40 页。

③ 谢世宪：《论公法上之比例原则》，载城仲模主编：《行政法之一般法律原则（一）》，三民书局 1999 年版，第 123 页。

④ 朱武献：《言论自由之宪法保障》，载朱武献主编：《公法专题研究（二）》，辅仁大学丛书编辑委员会 1992 年版，第 43 页。

⑤ 陈新民著：《行政法学总论》，三民书局 1995 年版，第 62 页。

⑥ 城仲模著：《行政法之基础理论》，三民书局 1980 年版，第 40 页。

⑦ 陈恩仪：《论行政法之公益原则》，载城仲模主编：《行政法之一般法律原则（二）》，三民书局 1999 年版，第 176 页。

虽然我国部分学者对于比例原则是仅存在于行政法领域，还是可以扩展到刑法领域本身存在很大的争议，但是现在刑法的论证逐渐加入比例原则的色彩已经在部分文章中可以发现。倒是对于比例原则是作为刑法的统领原则应用于刑法整体理论还是仅仅适用于刑罚论部分引起了纷争，虽然观点颇大，但正如美国学者爱丽丝(Alice)主张的那样“在刑法领域，比例原则常常被错误地定位于特别的刑罚理论——与具体刑罚目的相关的理论。事实上，一个宪法的比例原则应该理解为作为独立于刑罚目标的国家刑罚权的外部限制的原则，比例原则对刑罚权的限制不是源于刑罚目标，而是源于事实——国家不应仅为了追求处罚而处罚。实际上，比例原则反映了基本的自由原则而这点刑罚理论极少能做到，可能一个自由的政府不能避免采用暴力来制止一些环境下的行为，如果采用刑罚的国家仍旧是一个自由的国家该权力就必须被限制，而最好的限制刑罚权的方式可能就是通过一个自由的比例原则。”①

其实，在我们原来的很多刑法领域也能发现比例原则中适当性原则、必要性原则以及利益衡量原则的影子。例如，适当性原则的精髓在于“偏重目的取向，要求目的和手段之间要有一个合理的连结关系，且这种连结是正当、合理的”，这一点与我们的刑法理论中经常倡导的刑罚规定的适当原则非常契合。刑罚规定的适当原则，是指某一行为作为犯罪规定刑罚有合理的根据。刑法规定的犯罪，必须是以该行为确实需要用刑罚处罚为前提。“犯罪与刑罚即使在法律中明确规定，但其内容欠缺处罚的必要性和合理的根据时，成为刑罚权的滥用，实质上就会侵害国民的人权。”② 而判断刑罚适当与否“应依刑法的机能特别是与法益保护机能的关系而

---

① Alice Ristroph Proportionality as a Principle of Limited Government Duke Law JournalVol. 55:263.

② [日] 大谷实著:《刑法讲义总论》，黎宏译，法律出版社 2005 年版，第 34 页。

定。即以应保护的法益存在为前提，是否有以刑罚法规保护它的必要性成为是否适当的判断标准”①。

（二）刑法谦抑精神

谦抑原则又被称为谦抑主义。日本学者川端博认为，“所谓谦抑主义，是指刑法的发动不应以所有的违法行为为对象，刑罚限于不得不必要的场合才应适用的原则”②。我国学者陈兴良教授认为，刑法的谦抑性，又称刑法的经济性或者节俭性，是指“立法者应当力求以最小的支出——少用甚至不用刑罚（而用其他刑罚替代措施），获取最大的社会效益——有效地预防和抗制犯罪”③。张明楷教授则指出，刑法的谦抑性，是指刑法依据一定的规则控制处罚范围与处罚程度，即凡是适用其他法律足以抑制某种违法行为、足以保护合法权益时，就不要将其规定为犯罪；凡是适用较轻的制裁方法足以抑制某种犯罪行为或足以保护合法权益时，就不要规定较重的制裁方法。④

刑法的谦抑原则作为源流，本来是“法官不拘泥小事”的思想在罗马法中表达的，近代英国思想家边沁在其著作中进一步作了论述。边沁认为：第一，“不存在现实之罪，不具有第一层次或第二层次之恶（指决定惊恐程度的情节或犯罪的惊恐性），或者恶性刚刚超过由附随善性所产生的可补性”，不适用刑罚。第二，“对不知法者、非故意行为者、因错误判断或不可抗力而无辜干坏事者”与“儿童、弱智者、白痴等人”，不适用刑罚。第三，“当通过更温和的手段——指导、示范、请求、缓期、褒奖可以获得同样

---

① ［日］大谷实著：《刑法讲义总论》，黎宏译，法律出版社2005年版，第33页。

② ［日］川端博著：《刑法总论讲义》，成文堂1995年版，第55页。

③ 陈兴良著：《刑法哲学》，中国政法大学出版社1997年版，第6页。

④ 张明楷：《论刑法的谦抑性》，载《法商研究》1995年第4期。

效果时”，不适用刑罚。[①] 边沁的这些主张都是谦抑原则的要求，但他并未明确提出谦抑原则或谦抑主义的概念。据悉，明确提出“谦抑主义”一词的是日本著名学者宫本英修。宫本博士在其著作《刑法学粹》中说：“此系刑罚本身谦抑，不以一切违法行为为处罚的原因，仅限制种类与范围，所以专以适于科处的特殊的反规范的性情为征表的违法行为为处罚的原因。予谓刑法的如斯态度名为刑法的谦抑主义。”[②]

日本学者井田良在其著作中以“刑法的谦抑性”为题论述说：从以上事实（指刑法是严峻的制裁）导致刑法的适用必须谨慎的原则。这称为刑法的谦抑性（或谦抑主义）原则。有“法律不拘泥琐细之事”的法律格言（也称为“法律与琐事无关”或者“法官不受理琐事”），被害极轻微的场合科刑应当慎重是谦抑性的内容之一。因此，即使形式上符合处罚规定的行为，被害极轻微的情况，被认为不构成犯罪……作为谦抑性原则的内容重要的是补充性与片段性。所谓刑法的补充性原则，是由刑法的法益保护用其他手段不充分时，才应当以补充它的形式被适用的原则。根据民法或行政法的规制如能获得充分的效果，刑法就不应当出现。刑法必须是法益保护的最后手段。所谓科处刑罚，可以比作为治重病进行危险的手术。如果不进行手术仍靠吃药就能够治病，医生就不进行危险又使患者承受负担的手术……

根据刑法的片段性原则，凭借刑法的法益保护不能是完整的、全面的，必须特别选择一部分处罚的片段的性质。刑法并非处罚对一切法益的所有形态的侵害，只是特别选出以违法的形态侵害值得着重保护的重要法益的行为就够了。当然，人的生命这样重要的法

① ［英］吉米·边沁著：《立法理论——刑法典原理》，李贵方译，中国人民公安大学出版社 1993 年版，第 66 ~ 67 页。

② ［日］平场安治等主编：《团滕重光博士古稀祝贺论文集》（第 2 卷），有斐阁 1984 年版，第 2 页。

益，所有形态的攻击都要求保护。反之，在与财产之类的法益的关系上，刑法的片段的性质则很清楚。刑法仅仅处罚出于故意的侵害财产，出于过失的侵害财产不是处罚的对象，即使是出于故意的侵害财产也不是一切都予以处罚。①

与井田良教授将谦抑精神总结为补充性与片段性不同，川端博教授认为刑法谦抑原则的内容有三个方面，即刑法的补充性、片段性和宽容性。他说："从谦抑主义可推导出'刑法的补充性'、'刑法的片段性'与'刑法的宽容性'。即像李斯特所说的那样'最好的社会政策就是最好的刑事政策'，仅仅以刑罚的手段不可能抑制犯罪，并且因为刑罚是剥夺人的自由、财产等极其苛酷的制裁，应当限于为了防止犯罪的'最后的手段'（刑法的补充性）。基于刑法的规制不应当波及生活领域的各个方面，对维持社会秩序来说应当限于必要的最小限度领域（刑法的片断性）。再者，犯罪即使是现行的，在衡量法益保护之后，只要不能认为是不得已的情况，就应当重视宽容精神而慎重处罚（刑法的宽容性）。这样，谦抑主义是以刑法的补充性、片段性和宽容性为内容，成为刑法的立法和解释的原理。"②

当然，也有学者将刑法的谦抑精神归结为不同的三点：刑法的紧缩性、刑法的补充性、刑法的节俭性。③ 归根结底，刑法的谦抑精神离不开刑法的有限性、迫不得已性和宽容性三个内容，而在现实司法实践中，若要体现这些内容的要求，则以非犯罪化、非刑罚化和轻刑化为主。

非犯罪化的概念虽然在学界有不同的见解，如有的观点将非犯

---

① ［日］井田良著：《讲义刑法学总论》，成文堂 2008 年版，第 17～18 页。

② ［日］川端博著：《刑法总论讲义》，成文堂 1995 年版，第 57 页。

③ 陈兴良著：《刑法的价值构造》，中国人民大学出版社 1998 年版，第 353～380 页。

罪化理解为“立法上的非犯罪化”。持该种观点的学者认为，非犯罪化与犯罪化和过度犯罪化是相对应的概念。“立法者把有必要施以刑罚的行为规定为犯罪，就是犯罪化；立法者把不必要施以刑罚的行为规定为犯罪，就是过度犯罪化；以立法者意图，认为法律原来规定的犯罪没有继续存在的必要，从而把该行为从法律规定中撤销，使行为合法化或者行政违法化，则为非犯罪化。”[①] 也就是说，非犯罪化是指立法者将原本由法律规定为犯罪的行为从法律中剔除，使其正当化或者行政违法化。[②] 而与之相对的观点则认为，非犯罪化是“立法和司法上的非犯罪化”。持该观点者认为，非犯罪化是指立法机关或者司法机关将一些对社会危害不大，没有必要予以刑事惩罚，但又被现实法律规定为犯罪的行为，通过立法不再作为犯罪或者通过司法不予认定犯罪，从而对它们不再适用刑罚。而且，该观点还认为非犯罪化属于轻刑化的一个重要内容，包括非犯罪化在内的轻刑化是中国刑法发展的必由之路。[③] 不过现在一般认为，犯罪化与非犯罪化只能指立法活动，无论是进行犯罪化还是非犯罪化，其主体只限于立法机关。主张司法机关对法律已经规定为犯罪的行为也可通过不予认定为犯罪的手段进行非犯罪化处理是不符合法制要求的。[④] 而且，犯罪化和非犯罪化侧重于“罪”，而轻刑化和与之相对应的重刑化侧重于“刑”，虽然非犯罪化与轻刑化在一定程度上体现刑法的谦抑，但二者毕竟存在很多的本质及适用差异，因此将非犯罪化纳入轻刑化的概念不符合事物的本来面貌。

---

① 黎宏、王龙：《论非犯罪化》，载《中南政法学院学报》1991 年第 2 期。

② 马克昌、李希慧：《完善刑法典两个问题的思考》，载《法学》1994 年第 12 期。

③ 王勇：《轻刑化：中国刑法发展之路》，载赵秉志主编：《中国刑法的运用与完善》，法律出版社 1989 年版，第 323 页。

④ 赵秉志主编：《刑法争议问题研究》（上卷），河南人民出版社 1996 年版，第 19 页。

由此分析可以看出，非犯罪化观念现在一般不被认同适用在司法过程中，因此在刑事司法领域体现刑法谦抑精神较多的为轻刑化和非刑罚化思想。轻刑化是指在刑事立法上，如果规定较轻的刑罚即可，就没有必要规定较重的刑罚；在刑事司法上，对于已经确定为犯罪的行为，如果用较轻的刑罚即可，就没有必要适用较重的刑罚。[①] 即国家在运用刑罚规制社会生活时，应当适当控制刑罚的适用范围和严厉程度，并力求以最小的刑罚成本达到最大的社会效果——少用或不用刑罚获得最大的社会效益，以求有效地预防和控制犯罪。[②]

而所谓非刑罚化，是指“用刑罚以外的比较轻的制裁替代刑罚，或减轻、缓和刑罚，以处罚犯罪。”[③] 在大谷实教授看来，非刑罚化是建立在和非犯罪化的理念相共通的基础之上，为回避自由刑的弊端而提出来的；另外，它又是基于谦抑主义的立场，回避或缓和刑事制裁的政策，因而非刑罚化的意义在于以缓和刑罚为前提，用其他的非刑罚制裁的手段代替原来的刑罚，或者缓和刑罚。[④]

（三）风险社会与比例原则、谦抑原则的协调

如前所述，比例原则包含刑法中的适当性原则和利益衡量原则等精髓。而适当性原则的实质在于“偏重目的取向，要求目的和手段之间要有一个合理的连结关系，且这种连结是正当、合理的”，这一点与我国刑法理论中经常倡导的刑罚规定的适当原则非

---

① 王明星著：《刑法谦抑精神研究》，中国人民公安大学出版社 2005 年版，第 208 页。

② 参见赵秉志等主编：《中国刑法的运用与完善》，法律出版社 1989 年版，第 323 页。

③ ［日］大谷实著：《刑事政策学》，黎宏译，法律出版社 2000 年版，第 107 页。

④ 参见［日］大谷实著：《刑事政策学》，黎宏译，法律出版社 2000 年版，第 107 页。

常契合。刑罚规定的适当原则，是指某一行为作为犯罪规定刑罚有合理的根据。刑法规定的犯罪必须以该行为确实需要用刑罚处罚为前提。“犯罪与刑罚即使在法律中明确规定，但其内容欠缺处罚的必要性和合理的根据时，成为刑罚权的滥用，实质上就会侵害国民的人权。”① 判断刑罚适当与否“应依刑法的机能特别是与法益保护机能的关系而定。即以应保护的法益存在为前提，是否以刑罚法规保护它的必要性成为是否适当的判断标准”②。利益衡量原则则是在国家的权力运用即刑罚权的行使与公民的法益保护和自由权利行使之间达到合理的衡平。比例原则本身与刑法上经常谈到的谦抑原则在很多方面都是相类似的。

刑法谦抑原则的本意，要求尽可能缩小犯罪的范围，尽可能少用或不用刑罚，十分有利于保障人权；但随着社会情况的变化，它的要求也会有相应的改变。可以看到法益保护早期化着重保护法益，刑法谦抑原则着重保障人权，二者毕竟是矛盾的，如何协调二者的矛盾，日本学者山中敬一在其著作《刑法总论》中论述的“谦抑的法益保护原则”值得借鉴。他写道：“法益保护原则，并不认为法益侵害及其危险存在必然应该犯罪化。法益的存在即使是依据刑罚处罚的必要条件也不是充分条件。保护法益的不仅仅是刑法，道德或习惯法、民法、行政法等规范也用于法益保护。因为刑法是剥夺生命、自由等‘最严厉的制裁’的规范，用道德规范或其他法规范保护不能带来效果时或效果不充分时，才应开始发动‘最后的手段’。第一次的规范应当首先放在前面，刑法作为对第一次规范的补充应当第二次被投入。这称为刑法的补充性或第二次性。这些全都是应当尽可能谦抑地发动这样的刑法的谦抑性（谦

① ［日］大谷实著：《刑法讲义总论》，黎宏译，法律出版社 2005 年版，第 34 页。

② ［日］大谷实著：《刑法讲义总论》，黎宏译，法律出版社 2005 年版，第 33 页。

抑主义）之思想的表现。在这个意义上，法益保护原则与谦抑主义组合，称为谦抑的法益保护原则。根据这一谦抑的法益保护原则，是重大法益的侵害用其他法规范不能期待充分的保护时，才可能说根据刑法犯罪化成为必要。一般而言，作为犯罪化的要件，一是有重大的法益侵害值得用科处刑罚保护的行为是必要的，这称为当罚性的要件。二是根据当罚的法益侵害及其危险，为了保护社会在刑罚是不可或缺的场合，称为要罚性。所谓当罚性，是对行为的社会侵害性的评价，意味着值得处罚。与此相对应，所谓要罚性，是考虑'国家刑罚的目的'，按照非罪化或者用其他手段不能有效的保护，只有用刑罚保护是必要的场合才要处罚的旨趣。"①

这样，为了适应风险社会刑法处罚必须性的目的，而同时需要考虑比例原则与谦抑原则的权力限制，所以需要在风险社会的刑罚运用于两个原则之间进行合理的协调。例如，为了有效地保护法益，将强化刑法分则中危险犯或者持有型犯罪的处罚力度，或者增设一些新型危险犯罪，抵抗生活中日益呈现的危险。但是，在对某种行为进行风险评估，决定是否由刑法进行调整时，应当根据谦抑原则予以适当限制。首先要考察该种行为是否有相当的危险性，如果没有相当的危险性，就没有必要将该种行为入罪。如果确有相当的危险性，那就需要进一步考察，从"国家预防犯罪的目的"着眼，是否需要将该种行为入罪化以及怎样入罪化。详言之，某种被认为有危险的行为，如果用行政法规制就够了，即应当用行政法规制包括加大对它的处罚力度，而不必入罪化。如果用行政法规制不能有效预防某种危险，可将该种行为规定为某种实害犯的情节加重犯，提高法定刑的幅度；如果作为实害犯的情节加重犯规定，仍不足以有效预防某种危险发生，可将该种行为规定为危险犯：首先考虑规定为具体的危险犯，只有在确实必要时才规定为抽象的危

① ［日］山中敬一著：《刑法总论》，成文堂2008年版，第52页。

险犯。[①]

胡萨克明确指出，刑事责任基本原则反映了正义的需要；违反这些原则属于对个人权利的侵犯，而这种个人权利不仅是法律上的权利，也是一种道德权利。[②] 因而，在构建风险刑法时，必须受刑事归责的基本原则的规制。德国联邦宪法法院副院长哈塞默尔教授的一段话发人深省："即使是一个专注于制造安全的刑法，它还是刑法而不是危险防御法。对于刑法的限制并不是始于比例原则，而是很早就基于责任原则的有限度功能所取得。它是专注于行为人个人并且必须公正地对待这个人。刑法不仅和自由、名誉和财产等基本权利之侵犯有关，更涉及一项社会道德的非价判断。从而可以得出对于牵涉其中的相关人员应该给予最大可能的宽容以及符合持续地坦诚运用较为温和手段的义务。刑法必须严肃地看待真实之追求并且对此提供保证。"[③]

第二节　疫学因果关系之适用

一、传统因果关系理论在食品安全链条适用中的缺憾

（一）问题的提出

2008 年 12 月 31 日，石家庄中级人民法院开庭审理了原三鹿集团董事长兼总经理田文华、副总经理王玉良、总经理助理杭志奇、原奶事业部主任吴聚生生产、销售伪劣产品一案。庭审中，被

① 马克昌：《刑法的机能新论》，载《人民检察》2009 年第 8 期。

② 参见［美］道格拉斯．N. 胡萨克著：《刑法哲学》，谢望原等译，中国人民公安大学出版社 2004 年版，第 45 ~ 47 页。

③ ［德］哈塞默尔：《刑法与刑事政策下的自由与安全之紧张关系》，载台湾大学人文社会高等研究院社会科学讲座，http：//homepage. ntu. edu. tw/ ~ ntuihs/files/forum/20ppt/SS07 – 1. pd。

告人田文华的辩护人辩称：三聚氰胺的毒性正在进行研究，它是否有毒尚未定性，也没有权威机构可以鉴定出孩子死亡的直接原因就是食用了三鹿企业所生产的奶粉，并作为认定犯罪结果的直接的唯一原因。①

换言之，辩护人对本案中三鹿婴幼儿系列奶粉是否就是损害婴幼儿身体健康的原因提出了质疑。可以说，辩护人的质疑击中了本案的一个软肋。

在我国刑法中，食品安全方面的犯罪主要是生产、销售不符合安全标准的食品罪和生产、销售有毒、有害食品罪。前者的客观要件要求生产、销售的食品是造成严重食物中毒事故或者其他食源性病患的行为；后者的客观要件要求生产、销售的食品中掺入了对人体有毒、有害的非食品原料。两罪均要求生产、销售的食品与危害结果必须有刑法上的因果关系，根据2001年4月10日施行的最高人民法院、最高人民检察院《关于办理生产、销售伪劣商品刑事案件具体应用法律若干问题的解释》以及2001年5月21日发布的最高人民法院《关于审理生产、销售伪劣商品刑事案件有关鉴定问题的通知》可知，在办理食品卫生犯罪案件中，应当要由省级以上卫生行政部门确定的机构对食品进行鉴定。

但问题就在于，如果现有科学技术无法对食品中的成分含量是否符合卫生标准或者是否有毒、有害作出鉴定时，如何认定所生产、销售的食品就是引起危害结果的罪魁祸首呢？尤其是当食品已经消费掉了，无法向鉴定机构提供样品时，又如何认定食品与危害结果的因果关系？如果完全依靠科学的自然法则规律，如果鉴定机构无法对食品进行鉴定，以致不能在行为与结果间形成科学的予以证明的明确因果关系，而就此否认刑法上的因果关系，那么对大多数食品安全犯罪就不能认定行为人行为与被害结果之间的联系，当

① 《三鹿奶粉庭审纪实众多内幕曝光》，人民网，2009年1月14日访问。

然也就很难追究行为人的责任，这对于众多的受害者来说，既不公平，也不合理。

（二）中外传统刑法因果关系理论

刑法因果关系是危害行为与危害结果之间的引起与被引起的关系，它以哲学因果关系为基础，但由于其本身具有不同于自然界或社会生活中的一般因果关系的特征，因而刑法因果关系成为一个众说纷纭的课题。

就我国传统刑法理论而言，主要争论集中在必然因果关系与偶然因果关系之间，这种“必然性与偶然性之争曾经是我国刑法理论中的一个热点问题，在相当长的一段时间内垄断了刑法因果关系的话语权。”①

必然因果关系说认为，作为刑法中的因果关系必须是危害行为与危害结果之间存在的必然联系，偶然因果关系是不存在的。只有必然因果关系才能成为刑事责任的客观基础。② “刑法上的因果，是指危害行为同危害结果之间的必然联系。也就是说，只有当某种或某些危害社会行为在一定条件下必然地、不可避免地引起某种或某些危害结果的时候，我们才能认为这些危害社会行为与危害社会结果之间存在因果关系。”③ 如果行为与结果之间不具有这种必然因果关系，而只具有偶然联系，则不是刑法中的原因，只能是条件，条件不能作为刑法中的原因。

而必然、偶然因果关系说认为，刑法中除了有必然因果关系之外，还存在偶然的因果关系。所谓“偶然的因果关系”，是指“某些危害行为造成危害结果，这一结果在发展过程中又与另外的危害行为或事件相竞合，合规律地产生另一危害结果，先前的危害行为

① 陈兴良：《刑法因果关系研究》，载《现代法学》1999 年第 5 期。

② 马克昌主编：《犯罪通论》，武汉大学出版社 1999 年版，第 219 页。

③ 高铭暄主编：《刑法学原理》（第 1 卷），中国人民大学出版社 1993 年版，第 572 页。

不是最后结果的决定性原因，不能决定该结果出现的必然性，最后的结果对于先前的危害行为来说，可能出现，也可能不出现；可能这样出现也可能那样出现，它们之间是偶然因果关系。"① 也就是说，当危害行为本身并不包含产生危害结果的根据，但在其发展过程中偶然介入其他因素，由介入因素合乎规律地引起危害结果时，危害行为与危害结果之间就是偶然因果关系，介入因素与危害结果之间是必然因果关系；必然因果关系与偶然因果关系都是刑法上的因果关系。

在国外刑法理论与实践中，对因果关系的认定主要存在条件说、原因说与相当因果关系说。条件说认为，一切行为在论理上可成为发生结果之条件者，即为结果之原因。换言之，即行为与结果之间如有论理的必然条件关系，即有因果关系，同时即有责任。详言之，该说主张"一定之前行事实（行为）与一定之后行事实（结果）之间，如有所谓'如无前者，即无后者'之论理的条件关系时，则其行为即为对于结果之原因，两者之间有因果关系。"② 该说对于结果的所有条件，凡是有助于发生结果的，不问其价值大小，均视为等价，所以又称等价理论。德国的司法判决和主流理论在确定因果关系时，都使用等价理论。等价理论的第一位代表人物尤利乌斯·格拉泽在1858年写道："……对于因果关系的考察，存在一种可靠的支撑点：人们试图在时间的总和中想象所谓的发起者是完全不存在的，然而只要证明了结果仍然会出现并且中间原因的次序仍然存在着，那么可以确定，这个构成行为及结果是不能追溯到这个自然人的影响上去的。相反，如果表明一旦可以想象在事件发生的地点，只要这个自然人不存在，这个结果就根本不能出现，

① 李光灿、张文、龚明礼著：《刑法因果关系论》，北京大学出版社1986年版，第114页。

② 洪福增著：《刑法理论之基础》，刑事法杂志社1977年版，第101页。

或者它将以完全不同的方式出现，那么人们就应当能够以完全肯定的理由宣布，这个结果是由他的活动的作用产生的。”① 但是，该说直接认为论理的因果关系就是刑法上的因果关系，从而无限制地扩大了刑法上因果关系的范围，因而受到学者较多的批判。

为了避免条件说不适当地扩大刑事责任的范围而产生了原因说。原因说认为，具体地考察该案件，认为在先行的诸事实之中，存在原因与条件的区别，前者即原因对后行实施的发生有原因力，从而对后行事实立于因果的关系；反之，后者即条件没有原因力，从而对后行事实不是立于因果的关系。② 但是，要从对结果起作用的诸多条件中挑选一个条件作为原因，不仅是极为困难和不现实的，而且会导致因果关系认定的随意性。况且结果的发生并非总是依赖于一个单纯的条件，在不少情况下，应当承认复数条件竞合为共同原因。原因说在大陆法系国家刑法理论中已经没有地位。

相当因果关系说是日本刑法学界的通说。该说以条件关系的存在为前提，认为由其行为发生该结果从经验上看是通常的，即限于被认为是“相当”的场合，肯定刑法中的因果关系。在这个意义上，由于排除条件关系存在时不相当的（非盖然的）场合（偶然的结果和关于结果的异常的因果经过），所以在刑法中限定重要的因果关系。也就是将等条件行为中，依一般人的经验、智识，也就是人类的全部经验、智识，即所谓经验法则，认为其对于发生结果相当者，则该行为即为法律上的原因。换言之，即以论理上可发生结果的各种条件中，若某种条件对于结果的发生，依我们的日常生活经验（经验法则），认为是必然条件，或是“或然条件”，或是“可能条件”者，则该条件对于结果的发生，既为相当条件或相当

① ［德］克劳斯·罗克辛著：《德国刑法学总论》（第1卷），王世洲译，法律出版社2005年版，第233页。

② 马克昌著：《比较刑法原理》，武汉大学出版社2002年版，第190页。

原因，又为法律上的原因。反之，若该条件对于结果的发生，依我们的日常生活经验，认为属于偶然的事情（偶然条件）者，即该条件对于结果的发生，并非相当条件，也不是相当原因，即两者间无因果关系的存在。简言之，相当因果关系说是自条件说认定为有因果关系的条件中，依据人类全体经验所获得的智识，认为对于结果的发生为相当者，即为原因，而将偶然的、非类型的因果经过予以排除，以限定刑法上因果关系的范围。例如，甲以故意杀人枪伤乙，乙于被送往医院的途中因偶然的翻车而身亡，或者在住院时，因该医院偶然发生火灾而被烧死的情形，则甲的行为与乙的死亡结果之间不能认定具有因果关系。因此，甲仅负杀人未遂的责任，不负杀人既遂的责任。

（三）风险社会下食品安全因果链条之特殊性

食品安全因果关系在表面上表现为食品卫生犯罪行为与危害结果之间的因果关系，但食品安全犯罪在风险社会下又具有不同于一般犯罪的特殊性。

1. 食品安全因果过程具有隐蔽性

我们知道，食品安全是一个从农场到餐桌的系统工程，其中需要经过生产、加工、储存、运输、销售等各个环节，而各个环节中不仅涉及生产者、运输者、销售者的责任问题，还涉及各级管理阶层的管理责任问题，因此整个食品的安全保障是一个极其复杂的难题。而在这一系列过程中，要在最后的结果中找到导致结果发生的真正原因，就显得力不从心。“至少对消费者来说，风险的不可见性几乎不可能使他们作出任何决定。它们是和其他东西一起吸入和吞下的附带产品。它们是正常消费的夹带物。它们在风中和水中游荡。它们可以是任何和所有的东西，而且与生活的绝对需求——呼吸的空气、衣食、居所——一起，它们通过了所有严密控制的现代性保护区域。不像诱惑人却也可以抛弃的财富——对于他们，选择、购买和决定总是可能和必须的——风险和破坏在所有的地方通过自由的决定而隐晦和无阻碍地隐藏着。”① 况且，食品的生产、加工及储存、运输的过程也是一个技术过程，食品本身的变化也包含着物质本身的细菌转化及人为结果的综合过程，这样食品卫生涉及的事故结果也带有一定的潜伏性，在出现人为因素以及食品本身的结构改变之后，危害人体健康的食品隐患可能需要一定的时间之后才能显现，如“三鹿奶粉”事件，婴幼儿吃了问题奶粉后并不是马上就产生泌尿系统疾患，而是三聚氰胺累积到一定程度，作用于人体，至发生疾患有个时空过程。所以，食品安全的事故认定一般并不明显，而且需要通过事后的技术鉴定也难以证明；再加上各种食品安全潜伏期的存在及不确定性，往往更难追查被害人的健康是否由于食用了有毒、有害食品引起。

2. 食品安全危害结果具有多因性

人体的健康问题本身就是一个很复杂的问题，而人体健康受到损害，其原因可能会多种多样，既可能是由于食用了不卫生或者有毒、有害食品，也可能是其他原因，如气候、季节、环境、细菌、人的体质差异等诸多因素。这样，人体损伤与受害人食用不卫生食品或者有毒、有害食品之间是否具有必然的因果联系，恐怕现在的科学也无法作出准确的定论，当然除非人体食用我们通常所认知的有毒有害食品导致的死亡，而针对不符合卫生标准的食品是否会导致受害人必然受到侵害或者受到怎样的具体侵害，则是一个无法定论的难题。

就像德国学者贝克所论证的，“坚持对因果关系进行严格验证，是科学理性的核心内容。保持精确而对自己和他人‘不承诺任何东西’是科学精神的核心价值之一。同时，这些原则来自于别的语境，甚至可能来自于不同的知识时期。在任何情况下，它们对于文明风险在根本上就是不恰当的。当污染物泄漏只能在国际交

---

① ［德］乌尔里希·贝克著：《风险社会》，何博闻译，译林出版社 2003 年版，第 44 页。

换模式及相应的平衡中理解和测量的时候，将单个物质的单个生产者与确定的疾病建立直接的和因果的联系显然是不可能的，那些疾病可能还有其他的影响和促进因素。这就相当于仅仅用五个手指去计算电脑的数学潜力。任何坚持严格的因果关系的人都否认这种现实联系的存在。仅仅是因为科学家不能确定单一破坏的任何单一的原因，空气和食物的污染程度并没有降低，因化学烟雾造成的呼吸道肿瘤以及死亡率——它在每立方米300微克的二氧化硫浓度下显著地提高了——并没有降低。"①

3. 食品安全因果关系认定具有专业性

"在19世纪和今天，被大多数人作为灾难经受的后果，是与工业化和现代化的社会过程相联系的。在两个时代中，我们关心的都是对人类生存境况的剧烈的和威胁性的干预。它们的出现是与生产力、市场整合以及财产和权力关系的发展的确切阶段相联系的。""文明的危险只在科学的思维中存在，不能直接被体验到。这是采用化学公式、生物语境和医学诊断概念的危险。""风险碟子包含了十分不同的受害类型。对于它们，没有什么理所当然的东西。它们是普遍的和不具体的。……这种通过知识的传递，意味着这些容易受到影响的群体是具有更高教育程度并积极求知的。……坦率地说，在阶级地位上，是存在决定意识，而在风险地位上，正相反，是意识（知识）决定存在。对其起决定作用的是知识的类型，特别是个体经验的缺乏和对知识的依赖程度，它围绕着界定危险的所有方面。"例如，那些发觉每天喝的茶里面有滴滴涕，新买蛋糕里有甲醛的人，处于一种十分不同的境地。他们的受害不是由他们自己的认知方式和可能的经验决定的。茶里面是否有滴滴涕或者蛋糕里是否有甲醛，以及在哪里发生的污染这样的问题，就像这些物质是否并且达到多大浓度时会导致长期或短期的有害作用这样

---

① ［德］乌尔里希·贝克著：《风险社会》，何博闻译，译林出版社2003年版，第75页。

的问题，仍旧超出人们的知识范围。① 这样，风险社会下导致人们知识的匮乏和对专家知识的依赖，食品安全问题当然也难以逃脱专业性的困境。

这样，对不符合卫生标准的食品以及其他对人体可能造成危害的食品的认定，往往需要专业的化学、医学、生物学及养生学等各方面的知识综合在一起，才能够对各种食品中所包含物质可能对人体的发病机理有较全面的认识，因此要证明某种食品安全行为与损害结果之间的因果关系，必须具备相关的专门科学技术知识和仪器设备，而这些条件在我国目前的司法部门通常很难完全具备，所以对于具体案件的处理可能需要司法部门借助科研部门的力量才能定案。况且每个人的体质不同，对于食品中物质的吸收或者细菌的转化也可能不同，科研部门也不一定能对不同体质下的食品安全作出标准的解答，这样司法机关就更加难以认定了。

（四）传统因果关系适用之缺陷

面对上述食品安全因果关系所具有的特殊性质，都似乎对传统的因果关系理论造成了不小的打击。因为我们知道，传统的刑法因果关系理论，不论我国的必然因果关系说、偶然因果关系说还是国外的条件说和相当因果关系说都属于科学法则的因果关系理论，即因果关系的认定必须依赖于人类已经掌握的科学经验予以证明。

例如，我国刑法因果关系论中的必然因果关系说和偶然因果关系说。前者认为，“只有当在某种具体条件下，某种行为具有危害社会结果发生的实在可能性，并且该具体行为合规律地产生该种结果时，才能认为某种行为是危害社会结果的原因，亦即才能认为某种行为与危害社会结果之间具有因果关系。”② 所谓某种行为具有危害社会结果发生的实在可能性，亦即在该种行为中存在有可能使

① ［德］乌尔里希·贝克著：《风险社会》，何博闻译，译林出版社 2003 年版，第 60～61 页。

② 马克昌著：《刑法理论探索》，法律出版社 1995 年版，第 67 页。

危害社会结果发生的客观根据时，才能谈到这种行为是危害社会结果发生的原因。并且在这种前提下，只有当具有结果发生的实在可能性的某一现象已经合乎规律地引起某一结果发生时，才能确定某一现象与所发生的结果之间具有因果关系。[①] 而偶然因果关系说虽然认为，某种行为本身不包含产生某种危害结果的必然性，但是在其发展过程中，偶然又有其他原因加入其中，由后来介入的这一原因合乎规律地引起这种危害结果。[②]

由此可见，不论是必然因果关系说还是偶然因果关系说都坚持危害行为或者危害行为与介入因素能够“合乎规律”地引起危害结果，而确定是否“合乎规律”，实际上就是要通过科学经验予以证明。亦即其因果关系的认定必须依赖于人类已经掌握的科学经验予以证明。

而对于西方刑法理论的条件说而言，条件说以“如无前者，即无后者”的假定排除公式进行因果的判断，本身就是引发争议之处。因为只有当人们知道，在原因和结果之间存在原因上的联系时，才能说没有这一原因，该结果也就不会发生。[③] 正如意大利刑法学者杜里奥·帕多瓦尼所指出的：“条件理论的真正缺陷不在于它扩大了原因的范围，而是深藏于其运作机制的本身：运用‘思维排除法’的前提，是人们必须事先就已经知道究竟条件具备何等的原因力，即知道这些条件如何作为原因（之一）而发挥作用，否则条件理论就根本无法运作。”[④] 也就是说，这种假设性推论在方法论上的缺陷是，在回答是否“如果没有此行为，就不会发生

---

① 马克昌著：《刑法理论探索》，法律出版社1995年版，第67～69页。

② 高铭暄、马克昌主编：《刑法学》，北京大学出版社、高等教育出版社2000年版，第84页。

③ ［德］汉斯·海因里希·耶赛克、托马斯·魏根特著：《德国刑法教科书》，徐久生译，中国法制出版社2001年版，第343页。

④ ［意］杜里奥·帕多瓦尼著：《意大利刑法学原理》，陈忠林译，法律出版社1998年版，第125页。

此结果”时，必须已经先认识了此行为与此结果间的因果关系，否则不能回答此问题。举例而言，当人们想知道在怀孕期间吃安眠药是否会导致以后出生的孩子畸形，人们以想象没有服用安眠药来判断结果是否还会存在时，这个公式并不能为问题的回答提供任何帮助。这个问题只有在人们已经知道安眠药是否会导致胎儿畸形时才能给予判断。但是，如果人们已经知道了这一点，那么这个问题就成为多余的了。事实上，在不清楚事件发生的因果历程时，不可欠缺公式不能回答是否有因果关系问题，唯有以科学方法进行事实调查不可。

德国刑法学家恩吉施（Engisch）曾经尝试对条件理论的判断基础作出具体调整，他认为，对于刑法特定的构成要件结果而言，只有当行为人的行为与具体的结果发生，依照自然的经验法则，存在先后时间性的变动关系，始能认为行为是所谓条件理论下结果的原因。① 由于在判断因果关系的基础上，此说清楚地以自然法则作为标准，而且明显含有条件理论的条件等价的精神，因此学者称此理论为“合法则的条件说”。②

这样，我们可以看出，西方刑法中的条件说也在日益转变为“合乎经验的自然法则”，这也就取决于人类已经掌握的科学经验。

而我们众所周知的相当因果关系说就是在各种等条件行为中，依照一般人的经验、智识，即所谓我们日常的生活经验法则，来判断行为对于结果是否具有相当性，如果具备相当性，则该行为即为法律上的原因。

由此可见，不论是我国的刑法因果关系，还是国外的刑法因果

---

① Vgl. Engisch, Die Kausalit? t als Merkmal der strafrechtlichen Tatbest? nde, 1931, S. 21. 李圣杰：《因果关系的判断在刑法中的思考》，载《中原财经法学》2002 年第 8 期。

② 李圣杰：《因果关系的判断在刑法中的思考》，载《中原财经法学》2002 年第 8 期。

关系理论，似乎都回归到“合规律性”或者“生活经验法则”的词语上，我们普遍认为，刑法因果关系是必须依赖于人类已经掌握的科学经验予以证明的。如果以此理论评判某一企业的生产食品行为与损害结果之间有无因果关系，就要证明有以下因果链条的存在：企业在生产食品的过程中使用或者产生了某种不符合卫生标准的物质或者有毒、有害物质——含有有毒、有害物质的食品投放了市场——含有有毒、有害物质的食品由被害人所购买——被害人食用了含有有毒、有害物质的食品——该有毒、有害物质导致了损害结果的发生。而且，为了证明企业的有关食品犯罪行为与被害人损害结果之间的因果关系，不仅要证明这种全方面的因果链条的存在，还要对每一环节进行严密、细致的科学证明，而由于食品本身所具有的潜伏性、多因性以及专业性等特点，要严密证明这一系列的因果关系很有可能会陷入学术争论和裁判难决的泥沼中。

因而，现在一般认为，在风险社会的特殊背景下，“任何坚持对因果关系进行严格证明的人，都是对工业造成的文明污染和疾病的最大程度无视和最小程度承认。以‘纯粹’科学的天真，风险研究者保卫‘证明因果关系的高超技艺’，进而阻碍了人们的抗议，以缺少因果关联未有将抗议扼杀在萌芽阶段。”①

因此，倘若固守传统的因果关系理论，势必因其证明之困难而否认刑法上的因果关系，最终导致对大多数食品安全犯罪惩治乏力，以致刑法的虚化。因此，目前在我国很有必要借鉴外国刑法的相关疫学因果关系理论的创新，以适应对食品安全犯罪惩治的需要。

二、疫学因果关系之基本内涵

为了解决传统刑法因果关系对食品卫生犯罪的局限性，有学者

---

① ［德］乌尔里希·贝克著：《风险社会》，何博闻译，译林出版社2003年版，第74页。

指出："公害犯罪中的因果关系往往难以认定，但是如果行为与结果之间的因果关系的发展，由于没有被科学的、自然的法则完全解明，就否认刑法上的因果关系，对大多数公害犯罪则不能认定，为了解决这种不合理现象，刑法理论提出了流行病学的因果关系理论。……其对原因的解明有助于刑法上因果关系的认定。"①

（一）疫学因果关系理论的起源

疫学因果关系理论最先起源于日本著名的熊本"水俣病"案件和德国的擦里刀米德案件。20 世纪 50 年代，日本熊本县水俣湾周围的居民多发原因不明的怪病，被称为水俣病。发病原因在医学上、生理上不能得到证明，但地处水俣市的肥料公司的工厂所排放的含有水银的废水污染了水俣湾的鱼贝类，认定吃了该鱼贝有很大可能患上此病。日本裁判所根据流行病学的理论，推定肥料公司的排污和水俣病的发生存在因果关系，认定肥料公司的经理和工厂厂长犯有业务上的过失致死伤罪。在德国 1970 年的擦里刀米德案件中，许多在妊娠期间服用了品牌为"擦里刀米德"的安眠药的妇女，生下的孩子多患有先天性畸形，但当时的科学无法证明安眠药对胎儿先天性畸形的发病机理。德国裁判所根据疾病的发生频度、地理分布以及药品的销售量、被害人服用药品的时间，推定擦里刀米德安眠药是疾病的发病原因，追究了被告的责任。②

人们认识到，随着科学技术的进步和资产阶级工业革命的勃兴，西方各国在迅速发展经济的同时，也带来了诸如工业灾害、环境污染、生态破坏等危及安全的公害犯罪。与其他普通犯罪相比，公害犯罪具有以下特异性：第一，这类犯罪的危害行为往往不是即时完成的，要判断某一危害结果是否是由某一行为造成的，通常比较困难。第二，在环境污染等犯罪中，污染物进入环境以后，它们

① 张明楷著：《刑法学》，法律出版社 2007 年版，第 171 页。

② ［日］藤木英雄著：《公害犯罪》，丛选功等译，中国政法大学出版社 1992 年版，第 29～33 页。

与各环境要素之间以及他们相互之间会发生物理、化学、生物的反应，因而使危害行为的实施与损害结果的发生之间在时间上间隔较长，使因果关系表现得十分隐蔽和不紧密。第三，由于环境污染危害的潜伏期较长，所以一旦产生损害，又往往因历史久远、时过境迁、证据丧失，使因果关系的证明更为困难。第四，要证明环境危害行为与损害结果事实之间的因果关系，还必须具备相关的专门科学技术知识和仪器设备，而目前这些条件司法部门通常很难完全具备。①

由于公害犯罪的上述特性，使其牵涉的高科技知识非一般常人所能了解，而且某种药品或者食品或者环境污染物质对于人体的副作用，常常难以用科学方法来解释。但是，如果行为与结果之间的因果关系的发展，由于没有被科学的、自然法则完全解明，就否认刑法上因果关系的存在，对于大多数公害犯罪则无法认定。为了解决这种不合理的现象，刑法理论上就提出了疫学因果关系理论。

（二）疫学因果关系的概念

疫学是研究疾病的流行、群体发生疾病的原因与特征，制定预防对策的医学的一个领域。它与临床医学以诊断、治疗单个患者为目的不同，而以多数人的群体为对象，调查疾病发生的状态，查明该疾病的原因、疾病扩散的经过，以制定预防的方法为目的。推定某种污染物质与某种疾病之间具有因果关系，须具备以下条件：第一，该因子在发病前的一定期间发生作用；第二，该因子作用的程度越显著，则该病患者的比率越高，这被称为量与效果的关系；第三，根据该因子的发生、扩大等情况所做的疫学观察记录，能够说明流行特征，而没有矛盾；第四，该因子作为原因而起作用的机制

① 乔世明著：《环境损害与法律责任》，中国经济出版社1999年版，第288~289页。

与生物学不发生矛盾。① 以上四个条件相互关联，并以数量统计作出合理程度的说明，即可成立因果关系。

因此，疫学因果关系在本质上不是依靠自然科学法则直接证明的因果关系，而是一种建立在自然科学法则基础上的推定的因果关系，因此在采用疫学方法认定行为人的危害行为与危害结果之间的因果关系时应持谨慎态度，只有在穷尽了其他传统的因果关系认定手段仍不能判断因果关系存在与否时，才可以考虑运用疫学因果关系。

目前，疫学因果关系理论在德、日等国不仅仅在理论界得到了确认，而且在立法和司法中亦有体现。该理论目前也存在不同的看法。例如，德国学者阿·考夫曼（A·kaufmann）等认为，既然没有确定自然科学的因果法则，就不能肯定有刑法学上的因果关系。换言之，只有确定了自然科学的因果法则之后，才能肯定刑法上的因果关系。但日本学者町野朔则认为，刑法上的因果关系与科学上的因果关系不是一回事，科学上的因果法则只不过是认定刑法上的因果法则的经验规则；为了认定刑法上的因果关系，不仅要利用病理学、生物学，而且要利用疫学。② 现在在论及公害犯罪的因果关系时，大多数日本学者认为，“条件关系虽然以自然法则等经验的知识为基础来判断，但是如公害那样，从行为到结果的因果的经过在科学上即使不能完全证明的场合，按照一般的经验，只要能认定‘没有 A 就没有 B’的结合关系，就能肯定条件关系。从而，行为与结果之间的因果的经过，即使不能在自然科学上立证，根据疫学的证明，能够认定‘合理的不容置疑的程度’时，就应当肯定条

① ［日］野村稔著：《刑法总论》，全理其、何力译，法律出版社 2001 年版，第 142 页。

② 储槐植著：《美国刑法》，北京大学出版社 2005 年版，第 128 页。

件关系的存在。"[①] 疫学的因果关系是在未知问题的法律领域对相当因果关系说的适用。因为既然在社会观念上已经认识到某事实与某事实之间具有高度概然性的联系，就不妨肯定其间存在刑法上的因果关系。[②]

实践中，疫学因果关系理论很快为各国司法实践所援用。世界八大公害之一的日本富山骨病的诉讼，就是适用疫学因果关系于实践的典范。该诉讼发生于 1971 年，是由日本三井金属公司神冈矿业所所属的炼锌厂排放的含汞废物污染，致使神通州下游一带发生骨病引起的。在对此案的审理中，第一审和第二审判决都对疫学因果关系进行了诠释。第一审判决认为，（在公害事件上）加害行为与损害行为之间，不仅时间上及空间上的间隔长而大，而且发生的生命、身体的损害，又常常涉及不特定的多数人……因果关系存否的判断，在确定时仅依临床学乃至病理学的观点进行观察，仍然难以对加害行为与损害间自然的因果关系加以解释。因此，依疫学的观点加以观察，即属无法避免。二审法院在判决书认定："仅依临床学或病理学来观察，无法充分证明因果关系时，适用疫学，以疫学的因果关系获得证明，而被告不能以临床学或病理学将之推翻时，认定存有法律上的因果关系，乃属相当。"[③]

此外，1970 年日本颁布的《公害罪法》对疫学因果关系予以承认。该法第 5 条规定："如果某人由于工厂或企业的业务活动排放了有害人体健康的物质，致使公众的生命和健康受到严重危害，并且认为在发生严重危害的地域内正在发生由于该物质的排放所造

① ［日］大谷实著：《刑法讲义总论》（第 4 版），成文堂 1994 年版，第 181 页。

② ［日］大塚仁著：《犯罪论的基本问题》，冯军译，中国政法大学出版社 1993 年版，第 105 页。

③ 刘守芬、汪明亮：《论环境刑法中疫学因果关系》，载《中外法学》2001 年第 1 期。

成的对公众生命健康的严重危害，此时便可推定，此种危害系该排放者所排放的那种物质所致。”①

英美法系国家在环境诉讼中，也采用疫学因果理论。例如，美国法院对于有害物体与损害之间因果关系的认定上，有害专家的证词就具有极其重要的意义。他们也主要是根据疫学统计、动物生物鉴定、微生物学或细胞培植实验，以及对有害物体本身的化学结构的研究来证明其因果关系的。②

三、疫学因果关系在食品安全诉讼中的适用

疫学因果关系理论在德、日等国得到确立，自有其合理和可取之处，其充分体现了刑法的保护功能和保障功能的和谐统一，凸显了刑法的功利价值观。“没有功利，公正无所依存；没有公正，功利必成公害。这是功利和公正的辩证统一关系。”③ 功利和公正价值并非时常冲突，而是融洽一致的。

（一）优势证据原则与疫学因果关系

所谓优势证据，是英美民事法中所采用的一项证明标准。我国台湾地区学者李学灯曾指出：“在民事案件中，通常所用证据之优势一语，系指证据力量较为强大，更为可信者而言，足以使审理事实之人对于争执事实认定其存在更胜于其不存在，因此，所谓证据之优势，也即为盖然性之优势。”④ 由于优势证据的证明标准源自于英美法系，也有学者将优势证据的证明标准归纳为：“对于有关的诉讼主张或事实，当事人提出的证据资料必须使法官或陪审团确

---

① 赵秉志、王秀梅、杜澎著：《环境犯罪比较研究》，法律出版社 2004 年版，第 55 页。

② 乔世明著：《环境损害与法律责任》，中国经济出版社 1999 年版，第 295 页。

③ 储槐植著：《美国刑法》，北京大学出版社 2005 年版，第 6 页。

④ 李学灯著：《证据法比较研究》，台湾五南图书出版公司 1992 年版，第 397 页。

信其成立或存在的可能性大于其不成立或不存在的可能性，即法官或陪审团信其有的可能性大于信其无的可能性。”① 因此，优势证据证明标准，就是在判断双方当事人所举证据的盖然性大小的基础上决定说服力强的，盖然性占优势的一方当事人的主张成立的一种标准。

根据《辞海》的解释，所谓盖然性判断是反映对象可能有或可能没有某种属性的判断。因此证据的盖然性有大小、强弱和优劣之分。那么，对证据的盖然性需要达到多大的尺度才能认为当事人一方的主张占有优势呢？由于“优势证据”的标准源自于英美法系，我们以美国证据法对证据的标准认定进行大致的分析。在美国的证据法和证据理论中，将证明的要求和程度分为九等。第一是绝对确定的标准，由于人的认识的局限性，这一标准实际上无法达到，因而在证据证明的程度上，没有这样的要求；第二即排除合理怀疑（beyond any reasonable doubt）的标准，是为刑事案件作出定罪裁决所设定必须达到的标准，也是美国宪法第 5 条和第 14 条修正案关于正当程序的要求，是美国法律规定证据证明问题上最高的标准；第三是清楚和有说服力（clear and convincing evidence）的标准，是指在某些司法区对死刑案件拒绝保释时以及作出一些较之仅仅失去财产更为重要的涉及剥夺公民人身权利和自由的判决时所要求达到的证明要求；第四是优势证据（preponderance of the evidence）的证明标准，是对作出一般民事判决以及作出肯定刑事辩护时的要求；第五是合理根据（probable cause）的标准，是作出签发令状，无证逮捕，搜查和扣押，提起大陪审团起诉书和检察官起诉书，撤销缓刑和假释，以及公民扭送等的依据；第六是有理由的相信（reasonable belief）的标准，适用于拦截和搜身；第七是有理由的怀疑或存在合理怀疑（reasonable doubt）的标准，足以宣告

① 蔡彦敏、洪浩著：《正当程序法律分析——当代美国民事诉讼制度研究》，中国政法大学出版社 2000 年版，第 204 页。

被告人无罪；第八是是怀疑的标准，即可以开始侦查；第九是无线索的标准，不能采取任何法律行为。从以上情况可以看出，对证据盖然性的判断可以细化为不同的层次，而刑事案件的证明标准要比民事案件的证明标准高得多。[①] 可见，“优势证据标准”是低于“排除合理怀疑”标准的认定民事和刑事认定的一个标准。根据美国法律，法庭终结辩论结束后，法官要对陪审团进行有关适用法律的指示，同时向陪审团说明证据标准。法官会说刑事案件的证明标准是“排除合理怀疑”，而民事案件的证明标准是“优势证据”。法官还会进一步解释，所谓的优势不是指证人的人数或证据的数量，而是指证据的说服力。法官会向陪审团建议，把一方当事人的证据放在他们思想天平的一个盘子上，把另一方当事人的证据放在另一个盘子上，以便确定哪一个证据分量更大。法官还会告诉陪审团他们是案件事实和证人可信度的唯一裁判者。[②]

因此，一起案件的证据是否达到优势的标准，与证据和待证事实的关联性有很大的关系，可以说这种关联性决定了证据证明力的大小，关联性越强则证据的证明力就越大，关联性越弱则证据的证明力就越小，关联性的大小决定了证据质量的高低。所以，优势证据不是指证据的简单数量而是指证据综合的质量。对证据证明力的大小，关联性的高低，证据质量优劣的判断是法官自由裁量权范围之内的事情。当然，由于每一起案件的具体证据情况都不相同，对于什么是优势证据的盖然性的具体标准也很难形成一个数学上的量化标准，只能通过案件证据的认定，具体情况具体分析，由法官进行认定。

不论对优势证据的认定标准如何，我们可以清楚的是，依照优势证据原则，只要在合理的思考下，如果能看出该项证据比其他证

---

① 萨仁:《论优势证据证明标准》，载《法律适用》2002 年第 6 期。

② 龙宗智:《我国刑事诉讼证明标准》，载《法学研究》1996 年第 6 期。

据更为优越，此种证明程度即可。按此原则来认定因果关系，便是盖然性认定标准，即只要原因对结果的产生具有高度的盖然性，就可以认定其有因果关系。在食品卫生犯罪诉讼中，因果关系的吻合并不是易于清晰地观察到的或者显而易见地能加以确定的，很难用直接的证据证明因果关系的存在。换句话说，在直接的证据中可能会有缺陷。适用优势证据原则的原因在于，在这类案件中，犯罪人排他性地独占了相关科学技术，从而掌握着犯罪成立与否的关键证明，即使是拥有强大的司法权的国家，对于犯罪人来讲也不好说是强者。

控方只要依据行为人的食品卫生犯罪行为同受害人的伤害、死亡结果发生的时间上的接近性以及食品卫生犯罪行为的发生与受害人身体状况变化的对应性等事实，认定食品卫生犯罪行为具有较大的导致危害结果发生的概率，即可认定二者之间具备刑法上的因果关系。控方即使无法提出严格的科学证明，但是只要其能够证明行为人的食品卫生犯罪行为与危害结果的生成之间存在因果关系的盖然性大于不存在因果关系的盖然性，即可以认定行为人的食品卫生犯罪行为与危害结果之间存在因果关系。

因此，对于食品安全犯罪如果采用疫学因果关系认定所采用的优势证据原则，对于减轻控诉方面的举证责任，及时打击食品安全犯罪将具有重要的价值。

（二）举证责任倒置原则与疫学因果关系

举证责任又称“证明责任”，这一术语最早出现于罗马法初期。在民事诉讼中，是指应当由当事人对其主张的事实提供证据并予以证明，若诉讼终结时根据全案证据仍不能判明当事人主张的事实真伪则由该当事人承担不利的诉讼后果。举证责任倒置问题在民事诉讼中具有重要的地位。举证责任倒置最早是在德国通过一系列判例确认的规则。德国判例所采取的做法：一是直接利用德国民事诉讼法关于自由心证的规定，由法官根据案件的具体情况进行判断；或是采取表见证明的方法，令妨害证明的当事人负证据提出的责任。二是采取举证责任转换的方法，令妨害证明的当事人负担客观举证责任，而应负举证责任的当事人不负举证责任。

依照我国的民法理论，一般侵权责任由损害结果、违法行为、因果关系、过错四个要件事实构成，特殊侵权责任主要为无过错责任，由除过错以外的其余三个要件事实构成。实行举证责任倒置，倒置的是因果关系和过错这两个要件事实，实行无过错责任时，倒置的是“因果关系”这一事实要件。以特殊侵权为例，在实行过错推定责任时，倒置的是“因果关系”和“过错”两个事实要件，而被告的结果责任正是依附于“因果关系”和“过错”这两个事实要件而存在的，被告提供证据的责任和说服责任也是围绕这两个事实要件而展开的。而在实行无过错责任时，倒置的是“因果关系”，那么被告的结果责任就依附于“因果关系”这个事实要件而存在，被告提供证据的责任和说服责任也就得围绕“因果关系”而展开。由此可见，提供证据的责任和说服责任的内容和范围都是由事实要件来界定的。而结果责任即败诉风险是隐性的，是一种可能性，它依附于前两个责任的内容即事实要件而存在。离开了这些需要证明的事实要件就无所谓结果责任——败诉风险，提供证据的责任和说服责任也无从展开。因此，具有实际可操作性的倒置内容乃是需要证明的事实要件。①

同时，在关于食品卫生犯罪的举证责任方面，应当实行举证责任倒置原则。只要依照疫学因果关系理论，能够证明企业生产或者销售不符合卫生标准的食品行为，有造成危害结果的高度盖然性，便可以作有罪推定。疫学因果关系就是要根据统计学上的知识，排除各种偏倚和混杂因素，根据病因和疾病的联系强度、联系的一致性、联系的时间顺序、剂量反映关系、联系的特异性、联系的合理性等标准进行判定。如果食物中所含物质与疾病间存在盖然性联

---

① 曹晖：《民事诉讼中的举证责任倒置》，载《武汉大学学报》（哲学社会科学版）2009 年第 5 期。

系，只要该联系不与医学结论相矛盾，就可解释为行为与损害结果之间存在法律上的因果关系。推理形式如下：在一般情况下，这类污染行为能造成这种损害；这一结论与有关科学原理并不矛盾。那么，这种损害是由这种污染物质造成的。简而言之，控方只要掌握足够的情节证据，并运用疫学方法论得出行为人的危害行为造成了危害结果的发生，就应由被告人举证证明其行为没有造成该危害结果的发生，或者证明另有其他人的危害行为造成了该危害结果的发生，如果被告人提不出上述证据，则可以认定被告人的行为是该危害结果发生的原因。也就是说，因果关系的判断须为法官在遵循经验规则的基础上作出确定的心证，以承担败诉责任的一方当事人没有提出反证为必要。

因为上面所述食品安全行为本身具有的特殊性，尤其是现在工业技术的发展，人们越来越依靠科学技术进行日常的生产活动，那么对于消费者如果强调必须证明身体的损害与吸收不符合卫生标准食品的因果关系，是非常难以做到的。因此，只能适用疫学因果关系理论进行合理的推定。正如日本学者所指出：关于法律上的因果关系，也是要根据流行病学的方法去认识某种物质所造成的某种危害的盖然性，如能加上动物实验数据，并备有其他盖然性的补充资料，就可充分断定因果关系了。总而言之，就科学证明而言，在确认因果关系时，如能确定某种物质就是某种病患的原因的结论，并把这一结论法条化就可以了，没有必要再去追究为什么会是这样，也没有必要再从严格的生理学或药理学理论上寻找证据印证这条法则的正确性如何了，只要从流行病学上能证明这种物质的有害性，大体上也就可以认定了。①

以“三聚氰胺”问题奶粉案件为例，我们可以运用疫学因果关系理论予以论证：首先，大量婴幼儿出现泌尿系统疾患，如肾结

---

① ［日］藤木英雄著：《公害犯罪》，丛选功等译，中国政法大学出版社1992年版，第32页。

石、肾功能衰竭等疾病，都存在一个共同原因：即饮用过含有“三聚氰胺”的婴幼儿系列问题奶粉；其次，饮用含有“三聚氰胺”婴幼儿系列问题奶粉越多，患病率越高，症状也越明显；最后，“三聚氰胺”婴幼儿系列问题奶粉是导致众多婴幼儿出现泌尿系统疾患的原因，与疫学观察记载的流行特征并不矛盾，与生物学也不矛盾。

并且，由于疫学因果关系是推定的，因而还应在损害事实与污染行为间排除其他可能性。这就涉及因果关系中可能有其他的介入因素，即第三人的自主行为、受害者的自身特质或受害物品质缺陷及自然因素。当排除了介入因素，确定这种损害事实没有其他任何原因所导致的可能时，即可判定该种污染行为是损害事实的原因。需要注意的是，因果关系推定原则大大减轻了控诉方的举证责任，给予被侵害方获得法律保护的权利，也应当以公平原则给予被告人维护自己合法利益的权利。在被告人认为自己的行为与损害事实无关时，只要其能证明成功，否定因果关系的存在，则可以不承担侵权责任；举证不能或举证不足的，则推定因果关系成立，不能免除责任。

应该说，疫学因果关系理论的运用，可以弥补传统刑法上的因果关系的缺陷，实现社会的公平正义。但是，我们也要看到，恰恰是由于这种推定的疫学因果关系的存在，对于食品安全的案件，我们一般尽量使用刑法之外的其他制裁措施，刑法必须坚持自身的谦抑性、辅助性和最后手段性原则，在强调刑法对食品安全犯罪的抗制同时，也应重视刑法对工业技术的保护责任，以免造成滥用刑罚而导致阻碍工业技术发展和人类文明进步的恶果。

第三节 食品安全监督过失与客观归责论之借鉴

一、食品监管渎职罪之规定

我国《食品安全法》以“保障公众身体健康和生命安全”为宗旨，追究食品安全监管不当行为的刑事责任也应服务于这一宗旨。但就实践而言，在重大食品安全事故中，监管刑事责任却常常缺位。以三鹿奶粉案为例，虽然“蛋白粉”提供者、奶商、三鹿集团负责人均被定罪处刑，但无一行政监管人员被追究刑事责任。涉案的毒奶粉竟然是经检验“合格”的名牌产品，监管失职是不言而喻的。“奶商判死，放生高官”引起了人们广泛质疑。虽然对所涉及的部分高官已经追究了行政责任，但只是追究行政责任而忽视刑事责任，既违反罪刑均衡原则，有包庇之嫌，也不利于该类事故的防范。

可是，对于食品安全监管失职行为应该如何定罪在理论上也存在很大的疑惑。例如，安徽阜阳劣质奶粉案中，两名工商所所长被判徇私舞弊不移交刑事案件罪，该罪是一种特殊的玩忽职守罪，属行为犯，只关注渎职行为本身，未侵害公共安全也可成立本罪，根本谈不上对公共安全的保护。有人认为，玩忽职守罪以“重大损失”为要件，因而也包含了对公共安全的保护。但实际上，“重大损失”并非玩忽职守罪的构成要件，因为失职之时就已侵害职务，不论是否发生“损失”，“损失”是职务侵害外的另一危害结果。可以说，职务侵害才是本罪构成要件结果，而“重大损失”只是构成要件之外的“客观处罚条件”。

为了解决理论与实践中对于食品安全监管的放纵以及疑惑问题，2011 年 5 月 1 日实施的《刑法修正案（八）》第 49 条规定，在刑法第 408 条后增加 1 条，作为第 408 条之一：“负有食品安全监督管理职责的国家机关工作人员，滥用职权或者玩忽职守，导致发生重大食品安全事故或者造成其他严重后果的，处五年以下有期徒刑或者拘役；造成特别严重后果的，处五年以上十年以下有期徒刑。徇私舞弊犯前款罪的，从重处罚。”由此，将食品安全监管失职行为规定为食品监管渎职罪，包括食品安全监管滥用职权罪和食品安全监管玩忽职守罪两个罪名。食品安全监管滥用职权罪，是指负有食品安全监督管理职责的国家机关工作人员超越食品安全监督管理职权，违法决定、处理其无权决定、处理的事项，或者违反规定处理食品安全监督管理公务，导致发生重大食品安全事故或者造成其他严重后果的行为。食品安全监管玩忽职守罪，是指负有食品安全监督管理职责的国家机关工作人员严重不负责任，不履行或者不认真履行食品安全监督管理职责，导致发生重大食品安全事故或者造成其他严重后果的行为。

食品监管渎职罪的犯罪构成要件为：

（1）犯罪客体。该罪的客体是双重客体。既侵犯国家机关对食品安全的正常监管活动和食品安全监管制度合法、公正、有效地执行，又侵犯公民的健康权利和生命安全。

（2）犯罪客观方面。该罪的客观方面是指违反国家食品安全监管法律法规，玩忽职守或滥用职权，导致发生重大食品安全事故或者造成其他严重后果的行为。

（3）犯罪主体是特殊主体。即政府有关职能部门中负有食品安全监管职责的国家机关工作人员。

2004 年出台的《关于进一步加强食品安全工作的决定》按照一个监管环节由一个部门监管的原则，采取分段监管为主、品种监管为辅的方式，进一步理顺食品安全监管职能，明确责任。农业部门负责初级农产品生产环节的监管；质监部门负责食品生产加工环节的监管；工商部门负责食品流通环节的监管；卫生行政部门负责餐饮业和食堂等消费环节的监管；食品药品监管部门负责对食品安全的综合监督，组织协调和依法组织查处重大事故。

2008 年国务院机构改革，把卫生行政部门与食品药品监管部门在食品安全工作中的职责进行了对调，分段监管的食品安全体制仍然延续，同时强调了地方政府对食品安全的监管责任。地方政府对当地食品安全负总责，统一领导、协调本地区的食品安全监管和整治工作。

2009年颁布施行的《食品安全法》注重从中央和地方两个层面强化食品安全管理统一协调功能，规定国务院设立食品安全委员会，其工作职责由国务院规定。作为议事协调机构，国务院食品安全委员会的主要职责是分析食品安全形势，研究部署、统筹指导食品安全工作；提出食品安全监管的重大政策措施；督促落实食品安全监管责任。《食品安全法》规定县级以上地方政府对本辖区的食品安全监管负总责，基本上维持由相关职能部门分段监管的体制。因而，食品监管渎职罪主体涉及多个部门工作人员，包括食品药品监管、卫生行政、质量监督、工商行政管理、农业行政等部门工作人员，以及县级以上政府有关工作人员，商务、海关、环境保护、教育行政等部门工作人员也会涉及。

根据全国人民代表大会常务委员会《关于〈中华人民共和国刑法〉第九章渎职罪主体适用问题的解释》，隶属于上述部门的按照事业、企业性质管理的单位，如果依照法律、法规规定行使食品安全监管职权，其中从事公务的人员，或者虽未列入上述部门人员编制，但在其中从事食品监管公务的人员，在代表国家机关行使食品监管职权时，有渎职行为，构成犯罪的，也应依照刑法关于渎职罪的规定追究刑事责任。

（4）犯罪主观方面。食品安全监管滥用职权罪由故意构成。即行为人明知其滥用职权行为会发生破坏食品安全的正常监督管理活动，损害公民的健康和生命安全。但“重大食品安全事故或者其他严重后果”的危害结果则为客观处罚条件，不要求行为人对其具有认识（但应有认识的可能性）、希望与放任的态度。如某食品检疫机构工作人员滥用职权，导致消费者食物中毒的结果。根据其业务知识和职责范围，应该认识到这种危害结果的可能性，但对于这种结果不是希望与放任的态度。如果该工作人员明知是有毒食品而违法履行监管职责，对于引起严重的食物中毒事故持希望或放任的态度，可以考虑认定为危害公共安全、侵害公民人身权利或者妨害社会管理秩序的犯罪，如投放危险物质罪，故意伤害罪，生产、销售不符合安全标准的食品罪，传染病菌种扩散罪等。

与食品安全监管滥用职权罪不同，食品安全监管玩忽职守罪由过失构成。本书主要侧重于探讨食品监管过程中的监督过失的理论借鉴问题，因此以食品安全监管玩忽职守罪为主要基点。

二、国外食品安全监督过失理论

监督过失理论源于日本，首次援用监督过失理论的是日本昭和四十八年（1973 年）的“森永毒奶粉案”。1955 年，日本发生了震惊世界的森永毒奶粉事件。森永集团在加工奶粉过程中通常会使用磷酸钠作为乳质稳定剂，其在德岛的加工厂使用了混入砷的劣质磷酸钠，结果导致日本国内发生大规模的婴儿奶粉中毒事件，共造成 13426 名儿童发热、腹泻、肝肿大、皮肤发黑，死亡 130 名。直到 1969 年大阪大学的丸山博士发表题为“第十四年的访问”的研究报告，才最终解明一直以来原因不明的“怪病”是因为砷中毒所产生的后遗症。

1973 年德岛地方法院的第一审判决以新过失犯罪论所主张的预见可能性为前提，援引了在当时的过失犯理论中占重要地位的“信赖原则”，认为事故发生的根源在于制药商销售假药的行为，这种情况对于当时的奶制品生产企业而言，也是不可能知道的。而且，该制药商在当地享有较高的信用，其与森永公司合作的两年多时间里并未发生过任何事故，因此森永公司对制药商能够按照合同交货所抱有的信任感是合理的。据此，一审判决以森永公司没有所谓的结果发生的预见可能性为由，否定了过失责任。对于该判决，检察官提起了抗诉。他们认为，厂方不仅负有标准规格产品的订货义务，而且如果所订的不是标准规格产品，而是工业用的药品的

话，还负有事前检查义务。在本案中，厂方显然没有履行事前检查义务，因此是存在过失的。作为二审法院的高松高等法院同意了抗诉意见，决定将该案发回重审。这一次，法院抛弃了此前的新过失犯罪论，改为采纳更新的过失犯罪论，主张“预见可能性并非必须是预见到具体因果关系的可能性，尽管内容不能具体确定，但是，只要抱有达到了不能无视某种程度的危险绝对不存在的程度的危惧感，就足够了”。[①] 因此，这种观点又被称为“危惧感说”。当食品中混入了不属于原来预订的食品添加物的异物时，理所当然地就应当抱有可能混入了有害物质的危惧感。另外，从交易的实体来看，既然有时会出现未按照订单交货的情况，于是就会存在着也许没有得到所订物品，而且其中含有不纯物质、异物甚至是有毒物质的危惧感。于是，就可以认定存在结果预见的可能性。[②]

但是，危惧感说不仅未被此后判决所采纳，反而遭到明确的否定。札幌高等法院在“北大电气手术刀事件”的二审判决中指出：“如果因为抱有内容不特定的、一般的、抽象的危惧感或者不安感，就对行为人直接科以预见并回避结果的注意义务的话，过失犯成立的范围就极有可能无限扩大，从责任主义的见地来看，这也是不妥当的。”而且，该判决还提出一种定式，即所谓对结果发生的预见，是指“预见到特定构成要件的结果以及导致该结果发生的因果关系的基本部分”。[③] 换言之，“所谓预见的对象，在立刻就会造成构成要件的结果的场合，就是该结果本身；在需要经过多个因果链条才能导致结果的场合，则是该具体案件中经验性地、盖然性

---

① 毛乃纯：《论食品安全犯罪中的过失问题——以公害犯罪理论为根基》，载《中国人民公安大学学报》（社会科学版）2010 年第 4 期。

② ［日］藤木英雄著：《公害犯罪》，东京大学出版会 1979 年版，第 87 页。

③ 毛乃纯：《论食品安全犯罪中的过失问题——以公害犯罪理论为根基》，载《中国人民公安大学学报》（社会科学版）2010 年第 4 期。

地对作为最终结果的法益侵害具有较强因果力的事项。”①

日本刑法学者大塚仁认为：“如果作为注意义务内容的结果预见可能性只需要危惧感的程度就够了的话，就会过于扩大过失犯的成立范围，有时与客观责任没有大的差别……所以，我认为，在论及担当着最尖端的科学技术者的过失责任时，需要存在如果充分活用了既知的学问、技术的成果就能够预见危险的状况，不能认为仅仅存在危惧感就够了。”② 危惧感、不安感的概念极为含糊，究竟具有何种程度的危险意识才是有危惧感，难以正确认定。③ 因而，在司法实践当中缺乏可操作性，容易造成司法不公的后果。因而，现在一般认为，从整体上讲，危惧感说确实存在以上种种缺陷，但是具体到食品安全犯罪中，其未必就是不妥当的。在某种意义上，甚至可以认为，那些饱受批判的缺陷恰恰是危惧感说的特点和优势所在。

自 20 世纪 50 年代起，日本经济进入了高速成长期，企业犯罪、交通事故、环境污染、食品安全事故频发。然而，新过失犯罪论和之前的旧过失犯罪论一样，都要求行为人必须具备具体的预见可能性，即对于结果及其与自己行为之间的基本因果关系的预见可能性。这样一来，就极有可能因初次使用新技术而造成事故，任何人对此都没有经验，从而得出“第一次发生事故当然无罪，从第二次以后发生的事故，由于已有前车之鉴，则当然有罪”的理论归结。这就为犯罪分子逃避法律制裁提供了可乘之机。另外，新过失犯罪论所提倡的信赖原则认为，在合理信赖被害人或第三人将采

---

① ［日］甲斐克则著：《责任原理与过失犯论》，成文堂 2005 年版，第 104 页。

② ［日］大塚仁著：《犯罪论的基本问题》，冯军译，中国政法大学出版社 1993 年版，第 245 ~ 246 页。

③ 张明楷著：《外国刑法纲要》（第 2 版），清华大学出版社 2007 年版，第 241 页。

取适当行为时，如果由于被害人或第三人采取不适当的行为而造成侵害结果，行为人也对此不承担刑事责任。也就是说，信赖原则承认纵使行为人不去尽最大限度的注意义务也是可以的，即可以存在某种程度的偷工减料。所以，在遏制上述潜藏着诸多未知风险的现代型犯罪方面，新过失论明显缺乏力度。为了能够更加有效地预防和打击这些犯罪，危惧感说应运而生。

一方面，危惧感说仍然坚持以结果回避义务为中心，这一点与新过失犯罪论完全相同。另一方面，在认定预见可能性方面，它主张不需要具体的预见，只要具备模糊的不安感、危惧感即可。该说的首倡者藤木英雄教授曾经指出，行为人对可能发生危害结果有某种不安感时，这种不安感就是过失犯的结果预见可能性，行为人就要承担一定的避免结果发生义务。实施带有未知危险的行为与一般过失行为不同，尽管在事先完全不知道会发生什么结果，但是如果事先采取某种预防措施就可能防止危害结果发生时，只要行为人对可能发生的危险有某种不安感，即危惧感，就可以认为行为人对危害结果有预见可能性。换言之，对待这类过失不必过于强调行为人是否有预见可能性，只要行为人在事故发生前有某种危惧感，没有采取相应的防止措施并发生了危害结果时，就可以认为构成了过失犯罪。[①] 这一点则有别于新过失犯罪论。当然，提倡危惧感说的学者也注意到该理论扩大了过失犯的处罚范围，于是，便主张通过“被允许的危险”理论来加以平衡。另外，在“危惧感”的界定问题上，他们还认为，危惧感是指对有可能发生某种危害结果的含糊的不安心态，[②] 它不是一种社会心理，而是自然状态的不安或恐惧。只要这种危惧感达到“不能忽视某种危险绝对不存在”的程

① ［日］藤木英雄：《关于食品安全事故的过失与信赖原则》，载《法学家》1969 年，第 421 页。

② ［日］井田良著：《刑法总论的理论构造》，成文堂 2006 年版，第 118 页。

度，即可认定存在结果预见可能性，并进而肯定结果回避义务。危惧感说的理论和现实意义就在于，对于某些难以认定的过失犯罪，可以不必过于查证行为人是否有结果预见可能性，只要行为人负有避免结果发生义务而没有履行，且发生了危害结果，即可构成过失犯罪。

以危惧感说分析食品生产经营者的注意义务问题时，就是根据危惧感说，在确定注意义务的内容时，必须要考虑行为的特性（危险性和社会功能性）、致害的程度以及责令行为人采取结果回避措施将为其带来的负担等具体情况。尤其是在确定食品生产经营者的注意义务时，一定要将其在立场上与消费者相对立的特殊性作为最基本的出发点。[①] 也就是说，对于关乎人体健康的食品而言，只有在食品生产经营者能够彻底打消消费者对该食品所抱有的“也许会造成某种损害”的危惧感，保证该食品安全无害的情况下，才允许向社会提供。另外，由于消费者并不具备确认食品的安全性的能力，只能完全信赖食品生产经营者，因此他们必须保证食品的安全性，使消费者远离未知的危险。换言之，食品生产经营者处于保证人的地位，对消费者负有保证义务和保护义务，他们对于自己的生产、销售行为当然应当持有谨慎的态度，承担不向公众提供有害食品的较重的注意义务。所以，这里根本就不存在以减轻该项注意义务的方式去适用信赖原则的余地。

关于注意义务的具体内容，首先，一般而言，由于食品容易发生腐坏变质或者被细菌污染，因而在原材料的购入、储藏、加工以及成品的储藏、销售等各个环节中，为了防止发生食品腐坏变质等安全事故，生产经营者必须购置齐备的卫生、储藏以及加工设备。这是最基本的注意义务。当由于以上设备的状况和食品自身的性质而可能存在食品变质或者被细菌污染等安全隐患时，则要求他们必

① ［日］藤木英雄著：《公害犯罪与企业责任》，弘文堂 1975 年版，第 116 页。

须在出厂阶段进行抽样检测。应当说，这种抽查措施是相对容易采取的，因此如果因怠于履行该义务而导致事故发生的，就当然要承担过失责任。

其次，在食品的生产、销售过程中，理所当然地还要防止其中落入灰尘或者混入细菌。而且，如果在此过程中还需要使用一定的机械设备，并存在燃料、机油等对人体有害的物质混入食品的可能性时，则对此还需负有特别的注意义务。例如，日本发生的“米糠油事件”就是由于食用油生产厂在生产米糠油时，管理不善，操作失误，致使米糠油中混入了在脱臭工艺中使用的热载体多氯联苯所造成的。所以，为了打消这方面的危惧感，生产经营者必须定期对有关设备进行检查，在必要时还负有检测某批次产品中的有害物质的注意义务。

最后，当基于保存、着色等目的而需要在食品中添加某种化学物质时，如果该化学物质本身并不属于食品添加剂，则负有个别确认该化学物质的安全性的注意义务。例如，森永乳业德岛工厂为了提高牛奶的溶解度，向原奶中添加了工业用的磷酸氢二钠。他们购入的药剂虽然贴有磷酸氢二钠的商标，其中却含有大量的砷。但是，工厂并未进行必要的检测，就将其添加到原奶当中，从而引发了震惊世界的“森永奶粉中毒事件”。在这种情况下，生产经营者必须认识到作为食品添加剂的化学药品可能对人体健康造成损坏，从而负有检测、确认该药品对人体无害的注意义务。如果因怠于履行该义务而导致事故发生时，就应当被追究过失责任。

综上所述，食品行业是一个与自然科学密切相关、充满未知危险的行业，很多食品安全事故的发生并不是由行为人的故意行为导致的，因此不能一味地将食品安全犯罪作为故意犯罪处理，同时还需要注重过失犯罪的运用。然而，如果以旧过失犯罪论或者目前处于通说地位的新过失犯罪论为依据的话，将会使很多食品安全事故的制造者以不具体的结果预见可能性为口实，而免受刑罚的制裁。这样的结果对于社会安全的维护以及消费者生命、健康的保障而言，都是不够周延的。而危惧感说则主张应当将预见可能性的内容予以抽象化，即只需行为人具有某种模糊的危惧感，就可以认定存在结果预见可能性，并负有回避结果发生的义务。虽然该学说经常受到诸如欠缺具体认定标准或者扩大过失犯罪成立范围之类的批评，但是这也恰恰意味着加重了食品生产经营者的注意义务，促使其进一步积极地探知未知的危险，预测该危险发生的可能性，并事先采取避免危险发生的措施。因此，在食品安全犯罪的处理上，危惧感说是值得提倡的。

三、我国食品安全监督过失分析

近年来，在高额利润的诱惑与驱动下，个别食品生产经营者置伦理道德和社会责任于不顾，违反有关法律法规，生产、销售存在严重质量问题的食品，致使诸如山西朔州假酒事件、金华毒火腿事件以及三鹿奶粉事件等食品安全事故频繁发生。这些触目惊心的事实足以说明，如今食品安全问题已经超越了食品卫生的领域，而成为继大气污染、水体污染、土壤污染等传统公害之后的新的公害类型。面临如此严峻的食品安全形势，我们有必要充分利用和发挥刑法的作用，以更为积极的心态严厉打击食品安全犯罪，确保人民群众的饮食安全。

事实上，当今的食品安全事故，很多都是由生产经营者的过失行为引起的。然而，即便由过失引起，食品安全事故仍然具有巨大的社会危害性，这主要表现为：第一，食品是人类维系生命与健康所必需的物质资料，它直接进入人体。因而，相对于其他伪劣产品而言，不安全食品对人体的破坏作用是最直接的。第二，随着我国市场经济的日臻完善、交通运输业的高速发展以及国际贸易的日益频繁，商品流通的速度不断提高，范围不断扩大，不安全食品所造成的危害就不再仅限于某一地区，还极有可能波及全国乃至全世界。第三，不安全食品不仅能够对当代人造成损害，而且还会导致某种具有遗传性的疾病，影响到我们子孙后代的身体健康和生命安全。所以，笔者认为，危惧感说虽然在一定程度上扩大了过失犯罪的成立范围，但这恰恰意味着提高了有关企业及有关从业人员的注意义务，符合打击日益频繁的现代型犯罪的需要，有利于对消费者身体健康和生命安全的保障。

我国当前工业高速发展时期导致的食品安全事故，与日本当初的森永奶粉案的发生具有相同的社会背景，也同样面临着过失认定的难题，这使得监督过失理论对我国有借鉴意义。如前所述，日本过失理论的发展经历了三个时期：(1) 旧过失论。该论以“结果预见义务”这一“内心要素”为中心，将过失仅视为责任问题，完全没有考虑过失“行为”的性质，从而可能无限扩大过失犯的处罚范围，故以“具体的预见可能性”限制处罚。(2) 新过失论。进入工业社会后，为防止将有益的风险行为进行处罚，过失论转以“结果避免义务”为中心，进一步限制处罚，认为即使有预见可能性，但只要履行了结果回避义务，仍不成立过失犯。该论将遵守“社会生活上必要的注意的行为”设定为标准行为，这样过失就不仅是责任问题，同时也是违法性及构成要件问题，是“偏离标准之行为”。过失不仅是一种责任心理，更是一种违法行为，在主观和客观两方面均加以限制。新过失论仍要求具体的预见可能性，因为若无具体的预见可能性，就无法决定应当采取什么样的结果避免措施。(3) 超新过失论。自20世纪60年代开始，风险进一步增加，公害犯罪大量产生，超新过失论应时而生，它将新过失论所要求的“具体的预见可能性”转变为抽象的“危惧感”，从而扩大处罚。由于经历了新过失论限制处罚的阶段，其监督过失理论只是在公害犯罪领域扩大处罚，既适应社会需要，又不致打击过宽。

而我国的过失论仍停留在旧过失论阶段，没有经历新过失论，传统理论将过失作为主观罪过，仅是一种责任形式；只重视过失心理，从未重视过失行为，自然也谈不上从客观行为上对过失进行限制。同时，刑法往往没有规定过失犯的实行行为，传统理论将所有与结果有因果性的行为作为对象，处罚难免泛化。这就决定了我们需要借鉴西方的精髓理念对我国的过失理论进行整改，这里所涉及的就是德、日刑法理论中的客观归责理论的引入。客观归责论现在一般被认为是对构成要件行为进行实质化界定，尤其是对于故意过失等主观心理进行客观化改造。我国最近也有学者将客观归责论运用到过失理论的客观化界定方面，在此我们探讨以客观归责论限制食品安全监管的监督过失行为。

四、以客观归责论限制食品监管刑事责任之行为

（一）客观归责的基本内涵

德国刑法中的客观归责论认为，只有当行为人的行为制造了法所不容许的风险，该风险在符合构成要件效力范围的具体结果中实现时，此行为引起的结果才可以客观地归属于行为人。

客观归责论的精髓体现的就是风险社会的价值选择，换言之，其不过是以刑法的规范化语言和标准对这种社会价值选择的具体诠释而已。其所使用的一系列核心概念都是针对风险问题而展开的，诸如创设不允许的风险、实现不允许的风险、允许的风险、法律上重要的风险、降低风险、升高风险、风险竞合、故意造成自我风险的共同作用、接受他人造成的危险等。关键词就是两个字“风险”。

“容许风险”的概念早于客观归责理论出现，却被客观归责论善用为灵魂概念。客观归责理论的本质是以“制造法所不容许的风险”为构成要件行为提供实质而共通的内涵，用“风险”描述对法益的危害特质；而用“允许的风险”限制刑法在社会发展到“风险社会阶段”过度干涉民众的行动自由。这种以制造和实现法所不容许的风险来定义犯罪构成要件的行为和结果的看法，明显系立于尊重风险社会的价值选择的立场上对构成要件的实质性诠释。对此，正如客观归责论集大成者罗克辛教授指出的，在风险社会中，“属于不法的是举止行为的任务。通过宣告一种确定的举止行为符合法律或者不符合法律，法律告诉人们，什么是他们在刑罚的

威胁中不能做的或者可能是必须做的，法律同时告诉人们，所有没有受到法律威胁的举止行为方式，都被宣布为在刑法上不具有重要意义。那种区分不受刑罚威胁的和受到刑罚威胁的举止行为的标准，是由允许性风险的标准建立的。例如，在一个人的行为符合道路交通规则时，他就是在允许性风险之中活动的，因此在他卷入的那场事故中，事故的结果就不应当作为他的构成行为归责于他，也就是说，从一开始就排除了一种刑事可罚性。相反，在一个人的行为违反交通规则时，他就超越了这种允许性风险，因此可能发生的事故后果就应当作为过失或故意的刑法上的不法而归责于他。这是对以现代形式创立的客观归责理论的最简单的表述。在过去几十年里，这个客观归责理论已经在德国得到贯彻，并且在国际上引起了激烈的讨论。这里的刑事政策的主导思想是，借助在法律上不赞成的或者说允许的风险，应当根据仔细制定的规则，来划分国家的干涉权和公民个人自由之间的界限”。① 简言之，在风险社会中，“允许的风险”设定了国家刑罚权与公民行动自由的边界。

在风险社会中，为了社会的发展进步，如何恰当地将日常风险行为排除于犯罪行为之外，是刑法必须回答的重大现实问题。罗克辛认为，不是任何风险行为都是立法者在构成要件中所禁止的行为，只有为“法所不容许的风险”行为或曰“法律上重要的风险”(rechtlich relevantes Risiko) 行为才能成为立法者在构成要件中所预想的行为类型。因此，行为的客观可归责性即在于“制造不为法所容许的风险”。实施构成要件行为并使构成要件实现的构成要件该当性，其实质意义即制造并实现法所不容许的风险。② 由此可见，在风险社会，行为的风险性是否具有法律上的重要意义，成为

---

① ［德］克劳斯·罗克辛著：《德国刑法学总论》（第1卷），王世洲译，法律出版社2005年版，中文版序言。

② 许玉秀著：《当代刑法思潮》，中国民主法制出版社2005年版，第444～445页。

判定是否是构成要件行为的标准。有时风险虽高，法律并不在乎，那么“高风险”也没有归责上的意义，不能归责于行为人，如一些重大科学实验事关国计民生甚至民族兴亡，风险虽高，也不得禁止。

客观归责论作为应对风险社会问题的产物，具有强烈的实践品质。只有满足以下三个条件才能将结果归责于行为人的行为：(1) 制造法所不容许的风险；(2) 实现法所不容许的风险；(3) 构成要件的效力范围。从层次结构而言，客观归责理论是以合法则的条件关系为基础，并且根据法规范观点通过各种判断规则对归属关系予以限定。而在这三个规则之下，则包括了许多反面的判断规则，即排除归责的规则。

1. 制造不被容许的风险

德国学者罗克辛教授将“法的重要的风险的制造或不制造”设置成归责的标准，行为人的行为如果没有制造法益侵害的法的重要的风险时，结果就不能进行归责。也就是说，行为必须引起法上重要的结果惹起的危险，偶然产生的法益侵害不能进行归属。

相反的例子可以列举风险降低理论，即从一开始，当行为人采取减小对被害人已经存在的风险，即以改善行为客体状况的方式，对一种因果过程进行修改时，就不存在风险的制造以及所谓归责问题。例如，甲看到乙将一块石头砸向丙的头部，在紧急情况下急忙用手去挡石头，结果石头虽未砸中丙的头部却砸伤了丙的肩膀。在这里，甲的行为与丙的肩膀受伤害的结果之间是能够肯定事实上的因果性的。但是，在这里应该排除结果归责，因为按照我们通常的观念，禁止这样的行为是不合理的，这种行为不仅没有使受保护的法益的状态变得更坏，反而是变得更好。[①] 因此，甲的行为并非制造风险的行为。

---

① ［德］克劳斯·罗克辛著：《德国刑法学总论》（第1卷），王世洲译，法律出版社2005年版，第247页。

如果根据大陆法系的传统观点，人们会在违法性观点下来排除风险降低的情况，即适用正当化的紧急避险的原理，认为行为人的行为是为了避免他人现在的风险而造成较小的损害，从而不具有违法性而排除犯罪性。但是如果按照大陆法系判断犯罪构成的构成要件符合性——违法性——有责性的判断层次，可以看出传统观点的不利之处在于，在进入违法性判断之前，人们至少已经确认甲用手挡石头而造成丙肩膀受伤的行为，已经具有伤害罪的构成要件符合性，只是由于是违法性阻却事由而排除违法，这是不合理的。与此相对，按照风险降低原理，行为人的行为由于是降低风险而不是制造风险的行为，因此首先认为不是符合客观构成要件的行为，即在客观构成要件上排除可归属性，而无须进入违法性检验阶层。

其次，当行为人的行为没有以在法律上重要的方式制造或提高风险时，也应当排除对构成要件的客观可归责性。例如，促使他人进行其他各种正常的、在法律上没有重要意义的生活性活动的，如散步、游泳、爬山等都属于这种情况。虽然这些行为方式可能会导致一场不幸，然而这些是与社会相当性理论相适应的最小风险，是法律所忽略的风险，因此以这种方式为原因而造成的结果从一开始就是不可归责的。

同样，按照罗克辛的观点，在一个已经存在的风险没有以可测量的方式得到提高时，也同样缺乏客观可归属性。在那个很古老的教学案例中，一个人是否会由于向决堤的洪水倾倒一盆水而构成决水罪（德国刑法第 313 条）并受到刑法惩罚，因此应当在这个意义上得到解决：虽然因为（除非也是极其轻微的）结果的改变需要肯定这个因果性，但是这种举止行为无论如何不能作为洪水的引起原因而归属于第 313 条决水罪的构成要件，因为这一刑法条文要预防的风险不会由于增加这样少量的水而增大。[①] “能够进行独自

---

① ［德］克劳斯·罗克辛著：《德国刑法学总论》（第 1 卷），王世洲译，法律出版社 2005 年版，第 248 页。

评价的风险没有被制造，这种方法不符合溢水的客观目的。”[①] 即制造或提高风险的原则与拉伦茨（Larenz）和霍尼希（Honig）发展而来的客观目的性的判断标准相符。日本的山中敬一教授认为，溢水事例本来是关于条件关系存否的问题，是关于是否存在结果的法的重要的变更问题。[②]

本书认为，出现这样的分歧，与不同学者对于条件理论中的“结果”理解不同有关。按照德国现在广泛承认的因果关系学说认为，要查明符合法律的关系时，需要根据具体的结果判断，并且这个结果应当在其具体形式中包含导致这个结果的全部中间部分。也就是说，在德国大多数学者看来，对于这个因果性来说，只要有对结果的各种改动就足够了。[③] 这是由于罗克辛将因果关系与客观归责问题进行区分，而将条件说中的结果界定为具体结果，而山中敬一坚持抽象的、从法的观点分析结果而造成的争议。

2. 实现不被容许的风险

（1）未实现风险。当判断行为人的行为制造了法所不容许的风险之后，还要判断该风险是否具体实现为构成要件的结果。因此，如果行为人仅仅制造了某种风险，但风险并没有产生结果，而是由其他偶然原因导致了结果的产生，则该结果不能在客观上归责于行为人。德国学者恩吉施早在1931年就已经建议，“风险的实现应当与因果性一起列为没有明文规定的构成行为特征”。[④] 如甲出于杀人的故意向乙开枪，乙的肩膀受到枪伤，被送往医院治疗。在

---

① Roxin, Strafrechtliche Grendprobleme, S. 128. 转引自［日］山中敬一著：《刑法中的客观归属论》，成文堂1997年版，第390页。

② ［日］山中敬一著：《刑法中的客观归属论》，成文堂1997年版，第343页。

③ ［德］克劳斯·罗克辛著：《德国刑法学总论》（第1卷），王世洲译，法律出版社2005年版，第238页。

④ ［德］许乃曼著：《关于客观归责》，陈志辉译，载《刑事法杂志》第42卷第6期。

医院治疗期间，由于医院火灾而被烧死。在此案件中，甲的开枪行为虽然制造了不被容许的风险，但这种风险并没有进一步实现，即虽然在客观上具有导致被害人死亡的风险，但被害人的死亡结果并不是由于行为人的枪击行为所致，因此只能认定为未遂。一般认为，审查风险的实现是这样进行的：在事实上出现的过程，应当在行为人的行为结束之后作出的第二次风险评价中进行测量。在上述的案例中应该考察的是，行为人的“开枪行为”是否已在法律上以可测量的方式提高了一种“被烧死”的风险。一次由于受枪伤而住院的情况并不会增加任何被害人在医院遭受火灾事故的风险，因此排除客观归责可能性。

（2）未实现不被容许的风险。行为制造了不被容许的风险后，风险虽然被转化为某种现实的结果，但这种实现的结果并非是不被容许的结果，则也不能将结果在客观上归责于行为人。

首先，行为人的行为超越了法所容许的界限，在客观上也发生了具体的结果，但这种结果的产生与行为人超越界限的制造风险行为不具有原因力。针对这样的情况，罗克辛教授列举了鼎鼎有名的羊毛笔案：一家画笔厂的老板没有遵照行业的相关规定对进口的羊毛进行事先消毒，从而将一些山羊毛交给女工们加工，结果导致四名女工被感染炭疽杆菌死亡。后来的调查表明，即使画笔厂老板按照规定进行消毒，也不能对当时欧洲尚不知道的炭疽杆菌病毒起到任何的消毒作用。[①] 在这里，根据事前判断，行为人确实制造了一种不被容许的风险，但经事后确定，即使行为人按照规定采取消毒措施也不能避免结果的发生，那么就认为行为人所制造的风险没有实现，即使合法的替代行为也肯定会导致相同的结果，那么就应该排除对行为人的结果归属。

其次，行为人虽然超越了被容许的风险而对于结果存在原因作

---

① ［德］克劳斯·罗克辛著：《德国刑法学总论》（第1卷），王世洲译，法律出版社2005年版，第254页。

用，但需要考察这种原因作用是否提高了结果出现的风险。在这种场合，罗克辛教授认为也可以在未实现不被容许的风险下进行解决。例如，经常提到的案例是：某甲超越了允许的最高时速，但是很快又回到了遵守规定的速度上来了，减速之后，却撞上了一个突然从汽车后面跑出来的孩子而造成孩子重伤。在这类状况下，确实是由于甲的超速行为才会发生此事故，如果没有先前的超速，这辆汽车在穿越街道时就不会在那个位置撞上那个孩子，因此本来什么事也不会发生。但是，在这里并没有实现包含在超速中的具体风险，因为先前的超速驾驶并不会使再度回到限速驾驶而造成车祸的风险增加，因此这场车祸纯属意外。

3. 构成要件的效力范围

构成要件的效力范围，是针对刑法规范的保护目的而言的。即虽然发生的结果与行为人的行为有因果关系，但它不在构成要件的保护目的以内时，仍然不能归属于行为人。

首先，自愿参与危险行为的情况。例如，甲和乙举行一场摩托车比赛，两个人都喝了酒，但还具有完全的责任能力，乙在比赛过程中由于自己的过错而死亡。联邦最高法院判决甲过失杀人，因为他造成了一种违反义务的可预见和可避免的结果。[①] 但是按照客观归责论，该判决是有疑问的。这场比赛确实制造了一种明显超越一般交通风险的风险，并且在后来的过程中又实现了这个风险，但是由于乙具有完全的责任能力，对这种风险明显地视而不见，那么甲对乙自愿竞赛的自陷危险行为所造成的不幸事件不应负责，因为禁止伤害的法规的保护目的，并不在于保护那些故意自陷危险的被害人。当然，对自愿参与危险行为的人是否进行责任归属，取决于行为人是否具有决定能力。如果自愿参与危险行为的人是限制责任能力人，对于即将面临的风险不能进行合理的判断，则就要将损害结

---

① ［德］克劳斯·罗克辛著：《德国刑法学总论》（第1卷），王世洲译，法律出版社2005年版，第263页。

果归责于行为人。

此外，一些负责消除特定危险的职业人员的活动，也是不允许其他人进行干涉的。例如，房屋所有人过失造成火灾，消防队员由于救火而丧生的情况，该房屋所有人就不应当由于过失致死而受刑事处罚。这是因为消防队员作为“确定的职业承担者”，“救火”是他自己职权范围之内应做的事情，对消除“火灾”负责，其他外人不应当进行干涉。并且，“职务性风险在一种仅仅稍微扩大一点的意义上，同样是自愿的，因为借助职务性干涉，这种风险在一种自由意志决定的基础上被接管了，并且职务性成员中的大多数也正是为了这种自己在此进入的风险而领取报酬的”。①

（二）客观归责论在食品监管中的适用

刑法是社会的，必然要随着社会变迁而发生相应的嬗变。刑法从来都是被决定的。刑法反犯罪的方式首先必须是不违反发展经济所要求的方式，必须是适应经济发展方式的方式，要自觉不自觉地采用与经济生产方式相适应的表现方式。在反犯罪又采取适应经济发展方式的形式之间，刑法犯罪论的演变注定是十分复杂和曲折的，因为它并不是单纯地在去劣存优的一条路上发展下来，即主要不是设计而是适应的结果。② 罗克辛指出，“当仅仅事关安全这种法益时，人们本来就必须完全禁止汽车的行驶。这样，从统计数据上看，每年就可以拯救数以千计的生命。但是，这对单个公民来说，同时意味着一种不堪忍受的丧失自由。人在移动和自我塑造方面的可能性，也就是对生存所需要的运输利益，就将以一种威胁生活质量的方式加以限制了。这就出现了一种权衡，一方面是在一种受限制的、通过交通规则加以确定的风险中允许汽车的行驶；另一

① ［德］克劳斯·罗克辛著：《德国刑法学总论》（第1卷），王世洲译，法律出版社2005年版，第272页。

② 林海文：《刑法科学主义初论》，法律出版社2006年版，第417～418页。

方面，各种超过界限的风险，都将在一种以这种风险为基础而出现的损害案件中，作为杀人行为、伤害行为或者破坏行为而归责于交通的参与人。”“客观归责的思想”就是“使得作为辅助性法益保护方案的基础的安全利益和自由利益之间的权衡，再一次在更高的层次上发挥了作用。”①

可以看出，客观归责理论将被允许的风险作为重要的判断标准，这与新过失论有不谋而合之处，因此客观归责理论的贡献之一就是为解决过失犯的不法而提出来的，通过客观归责使结果犯摆脱因果律的限制，将风险原则作为标准有利于对高风险的行为进行刑法规制。尤其值得注意的是，客观归责理论为过失危险犯的成立提供了一定的理论基础。过失的行为没有带来危害结果但确实造成了法律所不允许的危险就应受刑法规制。这一问题在环境犯罪中尤其突出。将破坏环境的危险行为排除于刑法评价之外，其结果是使大量的环境污染错过了最好的治理时机。当然，过失危险行为入罪，存在一个慎重划定过失危险行为的犯罪圈和恰当配置法定刑的问题。过失危险犯主观恶性较小，尚未造成严重危害结果，因此对它的处罚应当较之故意犯罪危险犯和一般过失犯为轻，同时将实害犯作为过失危险犯的结果加重犯而将法定刑升格。过失危险犯的探讨正是风险社会下预防犯罪，保护公共利益要求的体现。但归根结底，客观归责理论是为了防止因果关系理论过度扩张的问题，其宗旨仍是为了限制国家的刑罚权。所以将风险防范完全寄托于该理论是不现实的，客观归责只是试图寻找个人自由和风险防范之间的平衡，防止责任主义过度重视个人自由。

众所周知，我国刑法理论对过失的认定是，行为人应当预见自己的行为可能发生危害社会的结果，由于疏忽大意而没有预见或者已经预见而轻信能够避免，以致发生危害后果的心理态度。由此，

---

① ［德］克劳斯·罗克辛著:《德国犯罪原理的发展与现代趋势》，王世洲译，载《刑事法学》2007 年第 7 期，第 71 页。

我国刑法理论将过失理解为“心理态度”，而对于客观行为的限制不能主要通过过失的心理，需要同时限定实行行为的条件来达到限制处罚的目的。而如何限定实行行为呢？我国的传统刑法理论认为，符合刑法规定的构成要件的行为是实行行为，而对于实行行为的着手的认定，一般认为需要行为人开始实施刑法分则所规定的客观构成要件的行为，当然就是所实施的行为具有导致法益受到侵害的一定程度的实质危险。这样，判断客观要件行为的实质危险的表述实际上与客观归责论以“制造不被容许的风险”的表述可以说是异曲同工。而客观归责论一直被视为实质的构成要件理论，其以“制造法所不容许的风险”来解释“实施构成要件行为”，尤其适用于实行行为性较弱的过失行为。况且，相对于日本的新过失论而言，一直以“制造不被容许的风险”取代“违反注意义务”的概念，来限定虽然违反注意义务但不存在引起发生结果危险性的行为排除在外从而限制过失的处罚范围。

在食品安全监督过失中，如何判断监管人的行为是否制造了“法所不容许的风险”？风险的禁止性来源于法律对行为的规制，因此必须通过该行为对规范的违反和被违反的规范所保护的法益加以判断。原来的食品卫生法以“食品卫生”为法益，监管失职行为只对“卫生”“制造了不被容许的危险”，而不一定对公众安全“制造了不被容许的危险”，难以纳入刑法评价。但食品安全法以“食品安全”为法益，重在“保障公众身体健康和生命安全”，因此只要食品安全的监管主体在客观行为上制造了可能损害公众身体健康甚至生命安全的危险，就可以认定监管失职行为的犯罪性，从而纳入刑法评价。

第四章 我国食品安全刑法保护现状及反思

第一节 我国刑法中食品安全的保护规范

如果从刑法的渊源划分，刑法有广义和狭义之分，狭义的刑法仅指刑法典，即《中华人民共和国刑法》。而广义的刑法则包括刑法典、单行刑法以及附属刑法。所谓附属刑法，即规定在民事、行政及经济法律中的刑事责任条款。我国现行刑法分则条文中，关于食品安全犯罪的规定主要被置于破坏社会主义市场经济秩序罪之下。该章中的食品安全犯罪既包括生产、销售伪劣商品罪一节中的生产、销售伪劣产品罪，生产、销售有毒、有害食品罪，生产、销售不符合安全标准的食品罪，也包括扰乱市场秩序罪一节中的非法经营罪、虚假广告罪和提供虚假证明文件罪等，当然 2011 年 2 月通过的《刑法修正案（八）》中关于食品监管渎职犯罪作出了新的规定。我国于 2009 年颁布实施的食品安全法第九章法律责任中关于刑事责任的相关规定，以及就食品安全问题颁布实施的立法解释和司法解释。例如，最高人民法院、最高人民检察院《关于办理生产、销售伪劣商品刑事案件具体应用法律若干问题的解释》（法释〔2001〕10 号）等相关规定。

由于 2011 年 2 月通过的《刑法修正案（八）》对生产、销售有毒、有害食品罪和生产、销售不符合安全标准的食品罪进行了修改，并且新设立了食品监管渎职罪，这三个罪从罪名上看是与食品安全联系最紧密的，因此本书主要对这三个罪进行大体论证。

一、生产、销售不符合安全标准的食品罪

“生产、销售不符合安全标准的食品罪”是2011年5月1日施行的《刑法修正案（八）》第24条针对刑法第143条的“生产、销售不符合卫生标准的食品罪”所进行的修改，即将原来“不符合卫生标准”的表述改为了“不符合安全标准”的表述。

（一）生产、销售不符合安全标准的食品罪的概念

生产、销售不符合安全标准的食品罪，是指违反国家食品安全管理法规，生产、销售不符合安全标准的食品，足以造成严重食物中毒事故或者其他严重食源性疾患的行为。

（二）生产、销售不符合安全标准的食品罪的构成特征

1. 犯罪客体

本罪侵犯的客体是复杂客体，即国家食品安全监督管理秩序和不特定多数人的生命权、健康权。本罪的犯罪对象是“不符合安全标准的食品”。依据2009年颁布的《食品安全法》第99条的规定，食品，指各种供人食用或者饮用的成品和原料以及按照传统既是食品又是药品的物品，但是不包括以治疗为目的的物品。而“食品卫生标准”是指食品安全法对生产、经营食品的总体要求和生产、销售某一类食品所必须达到的卫生指标，一般指食品中含有菌类、杂质或污染物质的最高容许量。食品安全标准应当包括下列内容：（1）食品、食品相关产品中的致病性微生物、农药残留、兽药残留、重金属、污染物质以及其他危害人体健康物质的限量规定；（2）食品添加剂的品种、使用范围、用量；（3）专供婴幼儿和其他特定人群的主辅食品的营养成分要求；（4）对与食品安全、营养有关的标签、标识、说明书的要求；（5）食品生产经营过程的卫生要求；（6）与食品安全有关的质量要求；（7）食品检验方法与规程；（8）其他需要制定为食品安全标准的内容。依照《食品安全法》第21条规定，我国的食品安全国家标准由国务院卫生行政部门负责制定、公布，国务院标准化行政部门提供国家标准编

号。食品中农药残留、兽药残留的限量规定及其检验方法与规程由国务院卫生行政部门、国务院农业行政部门制定。屠宰畜、禽的检验规程由国务院有关主管部门会同国务院卫生行政部门制定。有关产品国家标准涉及食品安全国家标准规定内容的，应当与食品安全国家标准相一致。同时，该法第22条、第23条规定，国务院卫生行政部门应当对现行的食用农产品质量安全标准、食品卫生标准、食品质量标准和有关食品的行业标准中强制执行的标准予以整合，统一公布为食品安全国家标准。食品安全国家标准应当经食品安全国家标准审评委员会审查通过。食品安全国家标准审评委员会由医学、农业、食品、营养等方面的专家以及国务院有关部门的代表组成。制定食品安全国家标准，应当依据食品安全风险评估结果并充分考虑食用农产品质量安全风险评估结果，参照相关的国际标准和国际食品安全风险评估结果，并广泛听取食品生产经营者和消费者的意见。

同时，新颁布的《食品安全法》第28条规定，下列食品属于不得经营的不符合卫生标准的食品：（1）用非食品原料生产的食品或者添加食品添加剂以外的化学物质和其他可能危害人体健康物质的食品，或者用回收食品作为原料生产的食品；（2）致病性微生物、农药残留、兽药残留、重金属、污染物质以及其他危害人体健康的物质含量超过食品安全标准限量的食品；（3）营养成分不符合食品安全标准的专供婴幼儿和其他特定人群的主辅食品；（4）腐败变质、油脂酸败、霉变生虫、污秽不洁、混有异物、掺假掺杂或者感官性状异常的食品；（5）病死、毒死或者死因不明的禽、畜、兽、水产动物肉类及其制品；（6）未经动物卫生监督机构检疫或者检疫不合格的肉类，或者未经检验或者检验不合格的肉类制品；（7）被包装材料、容器、运输工具等污染的食品；（8）超过保质期的食品；（9）无标签的预包装食品；（10）国家为防病等特殊需要明令禁止生产经营的食品；（11）其他不符合食品安全标准或者要求的食品。

2. 客观方面

本罪的客观方面表现为违反国家食品卫生管理法规，生产、销售不符合安全标准的食品，足以造成严重食物中毒事故或者其他严重食源性疾患的行为。

首先，生产、销售不符合安全标准的食品行为是违反国家食品安全管理法规的行为。

其次，本罪是危险犯，行为必须“足以造成严重食物中毒事故或者其他严重食源性疾患”的危害，如果行为人的行为不足以造成严重食物中毒事故或者其他严重食源性疾病，或者该行为只引起了受害人轻度的食物中毒或者轻度疾患的，则不构成犯罪。所谓“严重食物中毒事故或者其他严重性食源性疾患”，是指因食用或者引用不符合卫生标准的食物，而直接引起的不特定多数人的严重疾病，如造成他人死亡、昏迷或者患由“致病性寄生虫”引起的疾病等，如旋毛虫、肺丝虫、钩端螺旋体、肺吸虫等造成的疾病等。①

按照最高人民法院、最高人民检察院《关于办理生产、销售伪劣商品刑事案件具体应用法律若干问题的解释》第 4 条的规定：“经省级以上卫生行政部门确定的机构鉴定，食品中含有可能导致严重食物中毒事故或者其他严重食源性疾患的超标准的有害细菌或者其他污染物的，应认定为刑法第一百四十三条规定的‘足以造成严重食物中毒事故或者其他严重食源性疾患’。生产、销售不符合卫生标准的食品被食用后，造成轻伤、重伤或者其他严重后果的，应认定为‘对人体健康造成严重危害’。生产、销售不符合卫生标准的食品被食用后，致人死亡、严重残疾、三人以上重伤、十人以上轻伤或者造成其他特别严重后果的，应当认定为‘后果特别严重’。”

---

① 王作富主编：《刑法分则实务研究》（第二版），中国方正出版社 2003 年版，第 284 页。

3. 犯罪主体

本罪的犯罪主体是一般主体，只要是达到刑事责任年龄且具有刑事责任能力的任何人都可以构成本罪。同时，根据《刑法》第150条的规定，单位也可以成为本罪主体。对于单位犯本罪的，以双罚制为原则。

4. 主观方面

本罪在主观方面只能由故意构成。即行为人明知生产、销售的食品不符合安全标准而仍故意予以生产、销售，但不包括直接故意。行为人对可能造成严重食物中毒事故或其他严重食源性疾患的后果采取放任的态度。若行为人直接追求食物中毒等严重后果的发生，显然将构成其他更为严重的犯罪。本罪中的“明知”既包括已经知道，也包括应当知道，若应当知道而仍生产、销售不符合安全标准的食品，应构成本罪。

对于本罪的刑事责任，根据《刑法》第143条的规定，生产、销售不符合卫生标准的食品罪有以下三个量刑档次：（1）生产、销售不符合卫生标准的食品，足以造成严重食物中毒事故或者其他严重食源性疾患的，处3年以下有期徒刑或者拘役，并处或者单处销售金额50%以上2倍以下罚金；（2）生产、销售不符合卫生标准的食品，对人体健康造成严重危害的，处3年以上7年以下有期徒刑，并处销售金额50%以上2倍以下罚金；（3）生产、销售不符合卫生标准的食品，后果特别严重的，处7年以上有期徒刑或者无期徒刑，并处销售金额50%以上2倍以下罚金或者没收财产。同时，《刑法修正案（八）》第24条规定：“将刑法第一百四十三条修改为：‘生产、销售不符合食品安全标准的食品，足以造成严重食物中毒事故或者其他严重食源性疾病的，处三年以下有期徒刑或者拘役，并处罚金；对人体健康造成严重危害或者有其他严重情节的，处三年以上七年以下有期徒刑，并处罚金；后果特别严重的，处七年以上有期徒刑或者无期徒刑，并处罚金或者没收财产。’”可见，《刑法修正案（八）》对于生产、销售不符合食品安

全标准的食品在法定刑的处理上，取消了对于罚金数额的限定性规定，体现了国家对于损害食品安全犯罪处罚的力度增大，同时做到刑法处罚与经济法律法规之间处罚力度的衔接。

二、生产、销售有毒、有害食品罪

（一）概念

1979 年刑法没有系统地规定生产、销售有毒、有害食品罪，而是对该行为以其他方法危害公共安全罪或者以投机倒把罪论处，只是对生产、销售假药的行为单独规定了罪名。1993 年第八届全国人大第二次会议通过了《关于惩治生产、销售伪劣商品犯罪的决定》，其第 3 条第 2 款明确规定：“在生产、销售的食品中掺入有毒、有害的非食品原料的，处五年以下有期徒刑或者拘役，可以并处或者单处罚金；造成严重食物中毒事故或者其他严重食源性疾患，对人体健康造成严重危害的，处五年以上十年以下有期徒刑，并处罚金；致人死亡或者对人体健康造成其他特别严重危害的，处十年以上有期徒刑、无期徒刑或者死刑，并处罚金或者没收财产。”1995 年食品卫生法的通过并实施，对此也作出了进一步的规定，食品应当无毒、无害，禁止生产、经营含有有毒、有害物质的食品；禁止用非食品原料加工食品。1997 年刑法明确将生产、销售有毒、有害食品的行为规定为犯罪。这样就为打击食品安全犯罪提供了必要的法律依据。

依据《刑法》第 144 条的规定，生产、销售有毒、有害食品罪，是指违反国家食品卫生管理法规，在生产、销售的食品中掺入有毒、有害的非食品原料的，或者销售明知掺有有毒、有害的非食品原料的行为 。这是一个选择性罪名。

（二）犯罪构成

1．犯罪客体

本罪侵犯的客体是国家食品安全监督管理秩序和不特定多数人的健康权、生命权。本罪的犯罪对象是掺入有毒、有害的非食品原料的食品。

那么，什么是“有毒、有害的非食品原料”呢？有学者认为，所谓“有毒、有害的非食品原料”，是指既无任何营养价值，根本不能食用，又对人体具有生理毒害，食用后会引起不良反应，损害机体健康的非食品原料，如常见的工业酒精、工业染料、色素、化学合成剂、毒品（包括精神药品）、受污染的水源等。[①] 另有观点认为，所谓“有毒、有害的非食品原料”，是指非食品原料的一种，是对人体有生理毒性，食用后会引起不良反应，损害人体健康的不能食用的原料。[②] 笔者同意第二种观点。并且认为，认定“有毒、有害的非食品原料”应当把握以下几点。

首先，有毒、有害的非食品原料是非食品原料的一种。非食品原料是与食品原料相对的概念，食品原料是指粮食、油料、肉类、蛋类、薯类、蔬菜类、水产品、奶类等可以制造食品的基础原料。其次，有毒、有害的非食品原料是对人体有生理毒性，食用后会引起不良反应，损害人体健康的非食品原料。我们知道，食品在加工过程中，经常会使用一些非食品原料，如食品添加剂、食品强化剂等。目前我国允许使用的食品添加剂有200多种，分为15大类，如防腐剂、抗氧化剂、变色剂、漂白剂、酸味剂、甜味剂、香精等。使用这些添加剂的目的，一是为了控制食品中微生物的繁殖，防止食品腐败，如加入防腐剂；二是增加食品的稳定性，防止食品在保存过程中发生变色、变味或者酸败，如加入抗氧化剂；三是为了使食品的感官性状好；四是为了满足食品加工某些工艺过程的需要，如加入增稠剂等。而食品强化剂是为增强营养成分而加入到食品中的天然的或者人工合成的属于天然营养素范围的非食品原料。

---

① 周道鸾著：《中国刑法分则适用新论》，人民法院出版社1997年版，第151页。

② 熊选国主编：《生产、销售伪劣商品罪》，中国人民公安大学出版社1999年版，第132页。

食品添加剂和食品强化剂本身虽然不是食品原料，但属于无毒、无害的非食品原料，不属于这里所讲的有毒有害的非食品原料的范围。

有毒、有害的非食品原料是对人体有生理毒性，食用后会引起不良反应，损害人体健康的不能食用的原料。第一，这里的有毒、有害的非食品原料是根本不能食用的原料，如牛奶中加入的石灰粉。这种原料与不符合安全标准的产品，如受到污染、腐败变质而具有毒害性的产品不同，与可以食用的非食品原料也不同，如食品添加剂和食品强化剂。第二，有毒、有害的非食品原料是指对人体有生理毒性，食用后会引起不良反应，损害人体健康的非食品原料，如在白酒中掺入的工业酒精等。

2. 客观方面

本罪的客观方面主要表现为：违反了国家食品安全管理法规，在生产、销售的食品中掺入有毒、有害的非食品原料或者销售明知掺有有毒、有害的非食品原料的食品的行为。本罪的客观方面表现为三种行为：一是在生产的食品中掺入有毒、有害的非食品原料；二是在销售的食品中掺入有毒、有害的非食品原料；三是明知是掺有有毒、有害的非食品原料的食品而销售。也就是行为人本人主观上并无掺入非食品原料的故意和掺入此类原料的行为，但是其明知所销售的食品是掺有有毒、有害的非食品原料的食品，而仍然予以销售的行为。

本罪属于行为犯，只要行为人实施了在生产、销售的食品中掺入有毒、有害的非食品原料或者明知是掺入有毒、有害的非食品原料的食品但是仍然销售的行为，不论是否造成了危害后果，即构成既遂。如果进而对人体健康造成严重危害的，则构成本罪的结果加重犯，依照相应的定罪量刑规则处罚 。

3. 犯罪主体

对于本罪的主体存在争议的问题。我国刑法的通说认为，本罪为一般主体，即只要达到刑事责任年龄，具有刑事责任能力的自然人均可以成为本罪的主体。单位也可成为本罪犯罪主体。[①] 不过也有观点认为，本罪的主体是特殊主体，是指在食品的生产经营过程中生产、销售有毒、有害食品的人，既包括了有合法身份的自然人和单位，也包括了没有合法身份的自然人和单位。[②] 第一种观点将本罪的主体视为一般主体，在一定程度上扩大了本罪的打击范围。我们知道，食品的生产者、销售者是具有特定职业要求的人，且由于本罪的犯罪行为具有时空性的特点，即犯罪行为必须是在生产、销售的两个环节中实施，因此本罪主体必须是生产、销售过程中的个人和单位。不具备这个条件，行为人即使在食品中掺入了有毒、有害的非食品原料，也不构成本罪。事实上，本罪是基于生产、销售这一特定实施关系而发生的，从这个意义上说，本罪的主体应该是特殊主体，而不是一般主体，必须是在食品的生产经营过程中生产、销售的个人和单位，其中既包括了有合法身份的个人和单位，也包括了没有合法身份的个人和单位。

4. 主观方面

本罪的主观方面只能是故意，即明知是有毒、有害的非食品原料，而掺入自己生产、销售的食品中，或者明知是掺有有毒、有害的非食品原料的食品而销售，明知自己的行为会发生破坏市场经济秩序、造成食品中毒或者其他食源性疾患的危害结果，并且希望或者放任这种结果发生。过失不构成本罪。行为人实施本罪往往具有非法牟利的目的，但是刑法没有规定非法牟利的目的为本罪的构成要件。

对于本罪的刑事责任，2011 年 5 月 1 日施行的《刑法修正案(八)》第 25 条规定："将刑法第一百四十四条修改为：'在生产、

① 王作富主编：《刑法分则实务研究》（第二版），中国方正出版社 2003 年版，第 287 页。

② 刘明祥主编：《假冒伪劣商品犯罪研究》，武汉大学出版社 2000 年版，第 190 页。

销售的食品中掺入有毒、有害的非食品原料的，或者销售明知掺有有毒、有害的非食品原料的食品的，处五年以下有期徒刑，并处罚金；对人体健康造成严重危害或者有其他严重情节的，处五年以上十年以下有期徒刑，并处罚金；致人死亡或者有其他特别严重情节的，依照本法第一百四十一条的规定处罚。'”

三、食品监管渎职罪

（一）食品监管渎职罪的设立意义

食品安全监管类的犯罪行为，主要是指对食品生产经营负有安全监管责任的人员不履行食品安全法规定的职责或者滥用职权，造成严重后果的行为。我国食品安全法第八章针对食品安全的监督管理方面，分别从监督管理机关、监督管理措施、监督管理存档、监管管理查处、监管管理失职以及建立国家食品安全信息统一公布制度、监督管理程序等方面对食品安全的监管管理工作进行了整体的规划，足见我国政府对于食品安全监管职能的力度。根据《食品安全法》第80条规定：“县级以上卫生行政、质量监督、工商行政管理、食品药品监督管理部门接到咨询、投诉、举报，对属于本部门职责的，应当受理，并及时进行答复、核实、处理；对不属于本部门职责的，应当书面通知并移交有权处理的部门处理。有权处理的部门应当及时处理，不得推诿；属于食品安全事故的，依照本法第七章有关规定进行处置。”同时，第81条明确指出，县级以上卫生行政、质量监督、工商行政管理、食品药品监督管理部门应当按照法定权限和程序履行食品安全监督管理职责；对生产经营者的同一违法行为，不得给予二次以上罚款的行政处罚；涉嫌犯罪的，应当依法向公安机关移送。

同时，针对食品检验机构和检验人员的法律责任问题，我国的《食品安全法》第93条规定：“违反本法规定，食品检验机构、食品检验人员出具虚假检验报告的，由授予其资质的主管部门或者机构撤销该检验机构的检验资格；依法对检验机构直接负责的主管人员和食品检验人员给予撤职或者开除的处分。违反本法规定，受到刑事处罚或者开除处分的食品检验机构人员，自刑罚执行完毕或者处分决定作出之日起十年内不得从事食品检验工作。食品检验机构聘用不得从事食品检验工作的人员的，由授予其资质的主管部门或者机构撤销该检验机构的检验资格。”第 95 条针对县级以上人民政府在食品安全监管中的法律责任问题亦作出明确指示：“违反本法规定，县级以上地方人民政府在食品安全监督管理中未履行职责，本行政区域出现重大食品安全事故、造成严重社会影响的，依法对直接负责的主管人员和其他直接责任人员给予记大过、降级、撤职或者开除的处分。违反本法规定，县级以上卫生行政、农业行政、质量监督、工商行政管理、食品药品监督管理部门或者其他有关行政部门不履行本法规定的职责或者滥用职权、玩忽职守、徇私舞弊的，依法对直接负责的主管人员和其他直接责任人员给予记大过或者降级的处分；造成严重后果的，给予撤职或者开除的处分；其主要负责人应当引咎辞职。”

在食品安全法施行近两年后，我国于 2011 年 2 月 25 日通过了《刑法修正案（八）》，2011 年 5 月 1 日施行的该修正案第 49 条单独列明了食品监管渎职犯罪的规定：“在刑法第四百零八条后增加一条，作为第四百零八条之一：‘负有食品安全监督管理职责的国家机关工作人员，滥用职权或者玩忽职守，导致发生重大食品安全事故或者造成其他严重后果的，处五年以下有期徒刑或者拘役；造成特别严重后果的，处五年以上十年以下有期徒刑。徇私舞弊犯前款罪的，从重处罚。’”2011 年 4 月 28 日，最高人民法院、最高人民检察院《关于执行〈中华人民共和国刑法〉确定罪名的补充规定（五）》（以下简称《罪名的补充规定（五）》），将刑法第 408 条之一的规定正式确立为“食品监管渎职罪”。

从苏丹红、三聚氰胺、地沟油到植物奶油、树胶冒充蜂胶等，近年来频频发生的食品安全事件不断刺激着人们的神经，食品安全成为群众心中永远的痛。在众多食品安全事故的背后，我们看到食品安全监管的无力和缺位。在“三鹿牌婴幼儿奶粉事件”中，因监管缺失，时任国家质检总局局长的李长江等众多官员引咎辞职。然而，在众多食品安全事故中，我们鲜见渎职官员被追责。

食品生产加工企业数量巨大，形形色色，我们不能把食品安全问题完全归责到企业身上。这时我们需要国家职能部门的监管来为百姓把好食品安全的防线。然而，综观众多食品安全事故，不难发现率先发现或披露食品安全问题的多是媒体、专家或相关行业业内人士，而经常对餐饮行业进行执法检查的监管部门却总是后知后觉，甚至当“睁眼瞎”。以“三鹿牌婴幼儿奶粉事件”为例，22家企业生产毒奶粉并非一时，全国广大婴幼儿受毒奶粉之害也非一日，可一直未被监管部门发觉、查处。这说明我国食品安全监管机制出现了问题，职能部门的不作为使食品安全监管几乎形同虚设。确保百姓的食品安全，单靠处罚餐饮企业显然不够，必须把失职的监管部门工作人员一并纳入处罚范围，对监管失职人员给予重罚。

该条规定体现了我国政府对食品安全生产、销售、经营负有监督管理职责的有关国家机关及其工作人员的责任，有利于进一步保障人民群众的生命健康权。在《刑法修正案（八）》出台前，根据刑法规定，对负有食品安全监督管理职责的国家机关工作人员发生渎职犯罪，根据犯罪主体身份不同，分别以不同的罪名予以定罪处罚（如商检徇私舞弊罪、动植物检疫徇私舞弊罪、放纵制售伪劣商品犯罪行为罪)。《刑法修正案（八)》的出台解决了相同性质的渎职犯罪行为因所处单位部门不同而承担不同刑事责任的法律问题，从而对同样负有食品安全监督管理职责的国家机关工作人员发生渎职犯罪，并且导致重大食品安全事故或造成其他严重后果的，统一以食品监管渎职罪处罚，以此达到定罪和量刑的统一。

设立“食品监管渎职罪”的意义在于：一方面，加大了对食品监管渎职犯罪的处罚力度。《刑法》第 397 条规定，国家机关工作人员犯渎职罪的，处 3 年以下有期徒刑或者拘役；情节特别严重的，处 3 年以上 7 年以下有期徒刑。而按照《刑法修正案（八)》

的规定，犯食品监管渎职罪的，处5年以下有期徒刑或者拘役；造成特别严重后果的，处5年以上10年以下有期徒刑。显然，刑法加大了对食品监管渎职犯罪的打击力度。另一方面，有利于形成对食品安全监管部门和官员的强大威慑。我国刑法在渎职犯罪之下单独设立了故意泄露国家秘密、徇私枉法等单独的渎职罪名，目的就是根据现实的需要，针对某类犯罪加大打击力度。将“食品监管渎职罪”从渎职犯罪中单列出来，可以通过法律的严惩，让那些职能部门和官员切实承担起责任，建立起一个有效的食品安全监管机制，在有毒、有害食品流入市场之前发现问题并解决问题，从而为百姓的餐桌上一道安全的保险。

（二）食品监管渎职罪之具体分析

1.“食品监管渎职罪”的罪名适用问题

在当今我国刑事立法中，罪名并不属于立法范畴，而是由最高司法机关通过司法解释确定的，主要是依据罪状概括而成罪名。对一个罪状，是概括为“一罪名”还是“二罪名”并未有严格标准，这在以往罪名的司法解释中都曾出现过。关于对刑法第408条之一的规定应当如何确定罪名，在最高人民法院、最高人民检察院确定罪名的司法解释出台之前，学界主要有两种观点：（1）“一罪名说”，认为应当确定为一个罪名，但“一罪名说”中也有不同的表述见解，如有的表述为“食品安全渎职罪”[①]，也有的表述为“食品安全监管渎职罪”[②]，等等。（2）“二罪名说”，认为应当确定为两个罪名，表述为“食品监管玩忽职守罪”与“食品监管滥用职

---

① 于杰：《最高检：纵容非法生产等食品安全渎职罪将重查》，载《京华时报》2011年5月4日。

② 孙瑞灼：《设立“食品安全监管渎职罪”值得期待》，载《法制日报》2010年12月22日。

权罪”。[①] 当然，无论是“一罪名说”还是“二罪名说”，都有其各自的主张依据，只不过是哪一种理由更有其科学性与合理性而已。

根据刑法第408条之一的规定，“食品监管渎职罪”，是指负有食品安全监督管理职责的国家机关工作人员，滥用职权或者玩忽职守，导致发生重大食品安全事故或者造成其他严重后果的行为。此种“食品监管渎职罪”主要是指发生在食品安全监管领域的“滥用职权”与“玩忽职守”这两种行为，而“滥用职权”与“玩忽职守”作为渎职的基本行为早已在1997年刑法中就被确定为两个独立罪名，即刑法第397条规定的“滥用职权罪”与“玩忽职守罪”。如果按照两罪名的解释思路，完全可以将《刑法修正案（八）》的“食品监管渎职罪”顺理成章地解释为“食品监管滥用职权罪”与“食品监管玩忽职守罪”两个罪名。但是，最高人民法院、最高人民检察院在《罪名的补充规定（五）》中却采纳了“食品监管渎职罪”的“一罪名说”，而否定了“二罪名说”。

最高人民法院、最高人民检察院的司法解释最终采纳“食品监管渎职罪”的重要理由，可以认为是刑法修改以来长期实施经验的总结，这是为解决司法实践中遇到的问题而作出的不得已的选择。因为在司法实践中，人民检察院以滥用职权罪起诉到法院的案件，有些法院却以玩忽职守罪定罪判刑，检察机关与人民法院在类似案件的罪名认定上产生了分歧。由此，司法实践中检察机关按照滥用职权罪起诉的，法院却判决玩忽职守罪，从而使严肃的法律适用问题变得争议不断，难以把握。为解决司法实践中的这一问题，将食品安全监管滥用职权与玩忽职守的行为归为食品监管渎职罪，避免因司法机关之间认识分歧而影响更为有效、及时地查办食品安

---

① 袁彬，唐仲江：《关注〈刑法修正案（八）〉热点争议问题》，载《法制日报》2011年5月11日。

全监管领域的渎职犯罪。①

笔者认为，上述观点所认为最高人民法院、最高人民检察院司法解释最终采纳“食品监管渎职罪”一罪名的重要理由主要在于：“人民检察院以滥用职权罪起诉到法院的案件，有些法院却以玩忽职守罪定罪判刑”，因此“将食品安全监管滥用职权与玩忽职守的行为归为食品监管渎职罪，避免司法机关之间产生认识分歧”。事实上，检察机关以滥用职权罪起诉到法院的案件，有的法院却以玩忽职守罪定罪判刑，这种现象产生的根源主要在于具体的司法机关没有厘清“滥用职权”与“玩忽职守”两种行为的差异，甚至还有可能是基本的证据出错，而使“滥用职权”与“玩忽职守”两种行为相互混淆。由此而言，将司法实践中“滥用职权罪”与“玩忽职守罪”两罪适用上的混同归结为司法解释确定的“滥用职权罪”与“玩忽职守罪”两罪名有问题，这是讲不通的，也是缺乏逻辑意义上内在的、必然联系的。

以笔者所见，最高人民法院、最高人民检察院的司法解释采纳“一罪名说”确定的“食品监管渎职罪”罪名未必就是科学的、合理的。事实上，司法解释如果采纳“二罪名说”，即确立为“食品监管玩忽职守罪”与“食品监管滥用职权罪”，这将会更加符合依据罪状确定罪名的基本要求。不仅如此，将刑法第408条之一的规定确立为上述两罪名，也是用该条款比较其他相关法条而得出的最佳选择。虽然依据罪状来确定可能会也难免会得出不同的罪名，但是应当遵循逻辑上的“同一律”，即依据相同的罪状应当确定出相同的罪名个数；只有依据不相同的罪状才应当确定出不相同的罪名个数。如果依据相同的罪状而确定出不相同的罪名个数，那么这种确定罪名的结果就很难说是科学的、合理的。

---

① 杜萌：《食品安全监管领域渎职者该受怎样处罚》，载《法制日报》2011年5月11日。

2. 食品监管玩忽职守罪和食品监管滥用职权罪的概念

这里我们将《刑法修正案（八）》规定的食品监管渎职罪的罪名确定为两个，即食品监管玩忽职守罪和食品监管滥用职权罪。食品监管玩忽职守罪，是指负有食品安全监督管理职责的国家机关工作人员严重不负责任，不履行或者不认真履行食品安全监督管理职责，导致发生重大食品安全事故或者造成其他严重后果的行为。食品监管滥用职权罪，是指负有食品安全监督管理职责的国家机关工作人员超越食品安全监督管理职权，违法决定、处理其无权决定、处理的事项，或者违反规定处理食品安全监督管理公务，导致发生重大食品安全事故或者造成其他严重后果的行为。

3. 食品监管玩忽职守罪和食品监管滥用职权罪的构成特征

（1）犯罪客体是双重客体。既侵犯国家机关对食品安全的正常监管活动和食品安全监管制度合法、公正、有效的执行，又侵犯公民的健康权利和生命安全。

（2）犯罪的客观方面。是违反国家食品安全监管法律法规，玩忽职守或滥用职权，导致发生重大食品安全事故或者造成其他严重后果的行为。

玩忽职守，是指严重不负责任，不履行职责或者不正确履行职责的行为。不履行，是指行为人应当履行且有条件、有能力履行职责，但违背职责没有履行，其中包括擅离职守的行为；不正确履行，是指在履行职责的过程中，违反职责规定，马虎草率、粗心大意。由于不同的国家机关工作人员具有不同的职责，而且同一国家机关工作人员在不同时期、不同条件下的职责不一定相同，因此玩忽职守行为有各种不同的具体表现。

滥用职权，是指不法地行使职务上的权限，即对形式上属于一般职务权限的事项，为了不当目的或者采用不法的方法，实施违反职务的本旨的行为。[①] 首先，滥用职权应是滥用国家机关工作人员的一般职务权限，如果行为人实施的行为与其一般的职务权限没有任何关系，则不属于滥用职权。其次，行为人或者是以不当目的实施职务行为或者是以不法方法实施职务行为；在出于不当目的的实施职务行为的情况下，即使从行为的方法上看没有超越职权，也属于滥用职权。最后，滥用职权的行为违反了职务行为的宗旨，或者说与其职务行走的宗旨相违背。滥用职权的行为主要表现为以下几种情况：一是超越职权，擅自决定或处理没有具体决定、处理权限的事项；二是玩弄职权，随心所欲地对事项作出决定或者处理；三是故意不履行应当履行的职责，或者任意放弃职责；四是以权谋私、假公济私，不正确地履行职责。

当然，在食品监管渎职罪的客观方面，除了具有上面关于滥用职权与玩忽职守的情形外，还需要具备由于行为人的滥用职权或者玩忽职守行为，从而"导致发生重大食品安全事故或者造成其他严重后果"，也就是只有具有情节严重的要素，才能追究犯罪的责任。

食品监管渎职罪既是情节犯，又是结果加重犯。《刑法修正案(八)》第 49 条对食品监督渎职罪规定了两个量刑幅度："……导致发生重大食品安全事故或者造成其他严重后果的，处五年以下有期徒刑或者拘役；造成特别严重后果的，处五年以上十年以下有期徒刑。"这样，该罪是情节犯。同时新增设的该条第 2 款"徇私舞弊犯前款罪的，从重处罚"的表述，是加重处罚条款。因此，食品监管渎职罪既是情节犯，又是结果加重犯，这对于特定国家机关工作人员渎职犯罪是前所未有的，体现了立法机关对食品监管渎职罪的惩处力度和决心。

（3）犯罪主体是特殊主体，即政府有关职能部门中负有食品

---

① ［日］大塚仁著：《刑法概说（各论）》，冯军译，中国人民大学出版社 2003 年版，第 583 页。

安全监管职责的国家机关工作人员。2004年出台的《关于进一步加强食品安全工作的决定》按照一个监管环节由一个部门监管的原则，采取分段监管为主、品种监管为辅的方式，进一步理顺食品安全监管职能，明确责任。农业部门负责初级农产品生产环节的监管；质监部门负责食品生产加工环节的监管；工商部门负责食品流通环节的监管；卫生行政部门负责餐饮业和食堂等消费环节的监管；食品药品监管部门负责对食品安全的综合监督、组织协调和依法组织查处重大事故。

2008年国务院机构改革，把卫生行政部门与食品药品监管部门在食品安全工作中的职责进行了对调，分段监管的食品安全体制仍然延续，同时强调了地方政府对食品安全的监管责任。地方政府对当地食品安全负总责，统一领导、协调本地区的食品安全监管和整治工作。

2009年颁布施行的食品安全法注重从中央和地方两个层面强化食品安全管理统一协调功能，规定国务院设立食品安全委员会，其工作职责由国务院规定。作为议事协调机构，国务院食品安全委员会的主要职责是分析食品安全形势，研究部署、统筹指导食品安全工作；提出食品安全监管的重大政策措施；督促落实食品安全监管责任。食品安全法规定县级以上地方政府对本辖区的食品安全监管负总责，基本上维持由相关职能部门分段监管的体制。因而，食品监管渎职罪主体涉及多个部门工作人员，包括食品药品监管、卫生行政、质量监督、工商行政管理、农业行政等部门工作人员，以及县级以上政府有关工作人员，商务、海关、环境保护、教育行政等部门工作人员也会涉及。

根据全国人民代表大会常务委员会《关于〈中华人民共和国刑法〉第九章渎职罪主体适用问题的解释》，隶属于上述部门的按照事业、企业性质管理的单位，如果依照法律、法规规定行使食品安全监管职权，其中从事公务的人员，或者虽未列入上述部门人员编制，但在其中从事食品监管公务的人员，在代表国家机关行使食品监管职权时，有渎职行为并构成犯罪的，也应依照刑法关于渎职罪的规定追究刑事责任。

（4）犯罪主观方面。食品监管滥用职权罪的主观方面必须是出于故意，行为人明知自己滥用职权的行为会发生危害国家食品安全的正常监管活动，损害国家关于食品安全监管制度的合法性和公正性，侵犯公民的健康权利和生命安全，并且希望或者放任这种结果发生。"导致重大食品安全事故或者其他严重后果"的危害结果，虽然是本罪的构成要件，但宜作为客观超过要素，不要求行为人希望或者放任这种结果发生。例如，某食品检疫机构工作人员滥用职权，导致消费者食物中毒的结果。根据其业务知识和职责范围，应该认识到这种危害结果的可能性，但对于这种结果不是希望与放任的态度。如果该工作人员明知是有毒食品而违法履行监管职责，对于引起严重的食物中毒事故持希望或放任的态度，可以考虑认定为危害公共安全、侵害公民人身权利或者妨害社会管理秩序的犯罪，如投放危险物质罪，故意伤害罪，生产、销售不符合安全标准的食品罪，传染病菌种、毒种扩散罪等。

至于行为人是出于自己的利益还是为了他人的利益滥用职权，则不影响本罪的成立。有人曾经认为滥用职权罪的主观心理态度只能是间接故意；有人认为，滥用职权罪的主观心理态度既可以是过失，也可以是间接故意；还有人认为滥用职权罪的主观心理态度只能是过失，理由是如果认为本罪的心理态度是故意，进而认为行为人"致使公共财产、国家和人民利益遭受重大损失"的结果持希望或者放任态度，要么不符合实际，要么对这种行为应当认定为危害公共安全等罪。[①] 但是，如果认为滥用职权罪的主观方面只能是间接故意，那么出于直接故意的滥用职权就要以其他犯罪来论处，这样导致间接故意的滥用职权与直接故意的滥用职权最后的罪名不

① 参见张智辉：《论滥用职权罪的罪过形式》，载赵秉志主编：《刑法评论》（第 1 卷），法律出版社 2002 年版，第 142 页以下。

同，有悖于直接故意与间接故意的统一性；同样，不能认为滥用职权罪的主观方面可以是过失，这样不符合刑法将滥用职权罪作为故意犯罪，而玩忽职守罪作为过失犯罪进行处罚的立法精神。因此，只有承认本罪是故意犯罪，同时将“导致重大食品安全事故或者其他严重后果”的结果作为客观的超过要素，不要求行为人认识（但应有认识可能性）、希望或者放任，这样就可能很好地对食品安全的滥用职权罪的主观方面进行界定。

与此相对，食品监管玩忽职守罪由过失构成。即应当预见自己玩忽职守的行为可能危害国家食品安全的正常监管活动，损害国家关于食品安全监管制度的合法性和公正性，侵犯公民的健康权利和生命安全，因为疏忽大意而没有预见，或者已经预见而轻信能够避免。在相当多的情况下，行为人主观上是一种监督过失，主要表现为应当监督却没有实施监督行为，导致了结果发生；或者应当确立完备的安全体制、管理体制，却没有确立这种体制，导致了危害结果的发生。

4. 食品监管渎职罪与相关犯罪的区别认定

第一，区别标准问题。（1）渎职行为是否发生在食品安全监管领域，即是否对食品（包括食品添加剂，与食品有关的包装材料、容器、洗涤剂、消毒剂，用于食品生产经营的工具、设备）的生产加工和食品安全进行管理，供食用的源于农业的初级产品（即食用农产品）的质量安全管理，食品流通和餐饮服务（即食品经营）；（2）渎职行为是否导致重大食品安全事故或者造成其他严重后果。这里指的“造成其他严重后果”应当是指造成与食品安全事故有关的其他严重后果。

第二，食品监管渎职罪与商检徇私舞弊罪、商检失职罪、动植物检疫徇私舞弊罪、动植物检疫失职罪的区别。

根据上述区别标准，商检、动植物检疫部门等有关国家机关工作人员在对食品安全履行监管职责过程中，因渎职发生重大食品安全事故，或者发生与食品安全事故有关的其他严重后果，则定食品监管渎职罪；如果没有造成重大食品安全事故或造成与食品安全事故有关的其他严重后果的，应分别按商检徇私舞弊罪、商检失职罪、动植物检疫徇私舞弊罪、动植物检疫失职罪定罪处罚。

第三，食品监管渎职罪与滥用职权罪、玩忽职守罪、放纵制售伪劣商品犯罪行为罪的区别。

根据前述区别标准，卫生行政部门、农业行政主管部门、质量监督部门、工商行政管理部门等有关国家机关工作人员在对食品安全履行监管职责过程中，因渎职发生重大食品安全事故，或者发生与食品安全事故有关的其他严重后果，则定食品监管渎职罪；如果没有发生上述后果，则应按滥用职权罪、玩忽职守罪、放纵制售伪劣商品犯罪行为罪定罪处罚。

第四，与传染病防治失职罪的法条竞合问题。“所有肠道传染病、某些寄生虫病及个别呼吸传染病”均可经食物传播。“经食物传播可能是由于食物本身带有病原体或食物在不同条件下被污染。”传染病防治法已将食源性疾病纳入传染病管理的感染性疾病。食品监管渎职罪与传染病防治失职罪存在法条的交叉竞合，按照重法优于轻法的原则定罪量刑，对经过食物传播的传染病涉及的渎职犯罪，适用食品监管渎职罪。

（三）食品监管渎职罪的立案标准

我国食品安全法对国家行政部门在食品安全维护方面制定了很多的义务，违反这些义务性规定，将被追究相应的责任。例如，我国食品安全法参照发达国家保护食品安全的食品安全风险的监测、预警制度，以第二章专门来规定“食品安全风险监测和评估”。我国《食品安全法》第11条对国家建立食品安全风险监测制度作出规定：“国家建立食品安全风险监测制度，对食源性疾病、食品污染以及食品中的有害因素进行监测。国务院卫生行政部门会同国务院有关部门制定、实施国家食品安全风险监测计划。省、自治区、直辖市人民政府卫生行政部门根据国家食品安全风险监测计划，结合本行政区域的具体情况，组织制定、实施本行政区域的食品安全风险监测方案。”第 12 条对中央各部门对食品安全风险信息的处理作出规定：“国务院农业行政、质量监督、工商行政管理和国家食品药品监督管理等有关部门获知有关食品安全风险信息后，应当立即向国务院卫生行政部门通报。国务院卫生行政部门会同有关部门对信息核实后，应当及时调整食品安全风险监测计划。”第 13 条对国家建立食品安全风险评估制度作出规定：“国家建立食品安全风险评估制度，对食品、食品添加剂中生物性、化学性和物理性危害进行风险评估。国务院卫生行政部门负责组织食品安全风险评估工作，成立由医学、农业、食品、营养等方面的专家组成的食品安全风险评估专家委员会进行食品安全风险评估。对农药、肥料、生长调节剂、兽药、饲料和饲料添加剂等的安全性评估，应当有食品安全风险评估专家委员会的专家参加。食品安全风险评估应当运用科学方法，根据食品安全风险监测信息、科学数据以及其他有关信息进行。”第 14 条和第 15 条又对相关部门在风险监测或者风险评估中的职责作出进一步规范，指出国务院卫生行政部门通过食品安全风险监测或者接到举报发现食品可能存在安全隐患的，应当立即组织进行检验和食品安全风险评估。国务院农业行政、质量监督、工商行政管理和国家食品药品监督管理等有关部门应当向国务院卫生行政部门提出食品安全风险评估的建议，并提供有关信息和资料。国务院卫生行政部门应当及时向国务院有关部门通报食品安全风险评估的结果。

同时，在风险评估和风险监测的基础上，我国又进一步提出风险预警制度，将经过风险评估所得的数据进行及时的风险预警，对食源性疾患、食品污染以及食品中的一些有害因素提前发出警报，保证我国的食品安全。《食品安全法》第 17 条规定：“国务院卫生行政部门应当会同国务院有关部门，根据食品安全风险评估结果、食品安全监督管理信息，对食品安全状况进行综合分析。对经综合分析表明可能具有较高程度安全风险的食品，国务院卫生行政部门应当及时提出食品安全风险警示，并予以公布。”即由相关的政府职能部门负责组织和实施的，对食源性疾患、食品污染以及食品中有害人体健康的其他因素进行监测，一旦发现食品安全事故隐患或食品安全事故，应及时发出预警信息，并及时采取预防和控制措施。此项制度的有效实施，需要各政府职能部门及工作人员恪尽职守，积极履行相应的职责，因而与此项制度相适应，刑法也应对各政府职能部门及工作人员，在风险监测、预警和控制过程中因玩忽职守、行政不作为而造成严重危害后果时所应承担的刑事责任作出明确规定。

这样，由于我国建立了食品风险监测、风险评估和食品安全预警制度，各地方政府及相关职能部门就负有了履行相应作为义务的法定职责，如果地方人民政府接到国务院卫生主管部门或者省、自治区、直辖市人民政府发出的食品安全风险预警后，未能采取相应的预防和控制措施，造成重大人员伤亡或者其他严重后果的，对直接负责的主管人员和其他直接责任人员就应该追究刑事责任。同样，县级以上地方人民政府负责食品监督管理的部门未履行监督管理职责，发现食品安全事故隐患未及时采取救治控制措施的；未设立专门部门人员负责信息管理工作的；未及时对食品安全信息报告进行核实、分析的；未及时向食品生产经营者和医疗机构通报食品安全信息的；接到重大食品安全事故报告未及时报告当地人民政府和上级部门的；如果因此造成重大人员伤亡或者其他严重后果，也应当追究其直接负责的主管人员和其他直接责任人员的刑事责任。

如果说原来涉及国家机关工作人员在履行职责过程中的滥用职权或者玩忽职守行为需要通过刑法第 397 条的滥用职权罪和玩忽职守罪进行处罚，或者依照商检徇私舞弊罪、商检失职罪、动植物检疫徇私舞弊罪、动植物检疫失职罪等进行处罚的话，《刑法修正案（八）》的出台则解决了这一问题，因为《刑法修正案（八）》在第 408 条之后增设一条，即食品监管渎职罪。这样，原来作为普通渎职罪的滥用职权罪和玩忽职守罪等就不再采用了，这也是遵从了特殊法优于一般法的原则。不过，存在的问题是，《刑法修正案

(八)》仅仅出台了一个罪名即“食品监管渎职罪”，对于此罪的认定标准，还没有出台相应的标准，如何在实践中进行运用呢？

根据最高人民检察院2006年7月26日施行的最高人民检察院《关于渎职侵权犯罪案件立案标准的规定》，玩忽职守罪的立案标准是：（1）造成死亡1人以上，或者重伤3人以上，或者重伤2人、轻伤4人以上，或者重伤1人、轻伤7人以上，或者轻伤10人以上的；（2）导致20人以上严重中毒的；（3）造成个人财产直接经济损失15万元以上，或者直接经济损失不满15万元，但间接经济损失75万元以上的；（4）造成公共财产或者法人、其他组织财产直接经济损失30万元以上，或者直接经济损失不满30万元，但间接经济损失150万元以上的；（5）虽未达到3、4两项数额标准，但3、4两项合计直接经济损失30万元以上，或者合计直接经济损失不满30万元，但合计间接经济损失150万元以上的；（6）造成公司、企业等单位停业、停产1年以上，或者破产的；（7）海关、外汇管理部门的工作人员严重不负责任，造成100万美元以上外汇被骗购或者逃汇1000万美元以上的；（8）严重损害国家声誉，或者造成恶劣社会影响的；（9）其他致使公共财产、国家和人民利益遭受重大损失的情形。

涉及食品出入境检验机关职责的还有刑法第412条第2款规定的商检失职罪，相关司法解释认为，商检失职罪是指出入境检验检疫机关、检验检疫机构工作人员严重不负责任，对应当检验的物品不检验，或者延误检验出证、错误出证，致使国家利益遭受重大损失的行为。并且在指出立案标准时，涉嫌下列情形之一的应予立案：（1）致使不合格的食品、药品、医疗器械等商品出入境，严重危害生命健康的；（2）造成个人财产直接经济损失15万元以上，或者直接经济损失不满15万元，但间接经济损失75万元以上的；（3）造成公共财产、法人或者其他组织财产直接经济损失30万元以上，或者直接经济损失不满30万元，但间接经济损失150万元以上的；（4）未经检验，出具合格检验结果，致使国家禁止进口的固体废物、液态废物和气态废物等进入境内的；（5）不检验或者延误检验出证、错误出证，引起国际经济贸易纠纷，严重影响国家对外经贸关系，或者严重损害国家声誉的；（6）其他致使国家利益遭受重大损失的情形。

而由食品监管的失职行为引发的食品安全事故或食源性疾患，未必立即发生人员伤亡后果，特别是食源性疾患对人体的危害具有长期性，或有一定的潜伏期，可能会在未来某一时期致使受害者死亡或者伤残。这样如果比照玩忽职守罪那样将此行为造成他人死亡或者重伤的数量作为衡量的标准在现实中不好操作。

此外，将构成犯罪的标准仅限于造成人员伤亡或经济上的损失也不完全适合食品监管失职犯罪行为，相关的国家机关工作人员在食品安全的风险监测、预警和控制过程中因玩忽职守而导致食物中毒事故未及时得到有效控制而使事故范围扩大，中毒人数众多，使人们产生恐慌心理，这种恐慌心理的产生不亚于实际造成的人员伤亡或者经济的损失，因此应当将由于食品监管的渎职行为对人们的工作或生活秩序产生的严重影响作为衡量渎职行为社会危害性的一个重要因素。因此，食品安全监控渎职行为的立案标准应当包含三个方面：造成相关人员重伤或者死亡；造成一定的经济损失；严重影响人们的正常生产生活秩序。

第二节　我国食品安全刑法保护之反思

从我国刑法有关食品安全犯罪的规定来看，风险刑法思想在我国刑法中也有了一定的体现。比较典型的是刑法第144条规定的生产、销售有毒、有害食品罪。因为根据该条的规定，只要在生产、销售的食品中掺入有毒、有害的非食品原料，或销售明知掺有有毒、有害的非食品原料的食品，即便没有造成损害结果，也构成犯罪行为。这属于一种抽象的危险犯。但从总体上看，我国刑法有关食品安全的犯罪与风险刑法理论的预防性体现得不够，并且存在诸

多与食品安全法难以有效衔接之处。主要表现在：

一、食品安全犯罪性质认识不足，定位不准确

我国现行刑法将食品安全犯罪归类到破坏社会主义经济秩序罪中，这是远远不够的。从刑法理论来看，食品安全犯罪的犯罪客体为双重客体，一是侵害不特定的多数人的健康权利和生命安全；二是食品安全法总则规定的国家的食品安全监管秩序。随着市场经济体制的确立，食品安全恶性案件的主要危害不仅表现为破坏了社会主义市场经济秩序，而且危害了公共安全乃至国家的安全。食品安全问题在中国已经成为一个从上到下谈虎色变的问题。食品安全犯罪侵害了不特定的多数人的健康权利和生命安全，明确这一点，更能体现现代刑法以人为本的法制理念，有利于对公共安全的保护，提高公民及当事人对食品安全犯罪的社会危害性的认识，有效遏制日益突出的相关犯罪的发生。从食品安全犯罪的严重性看，以及从打击食品犯罪的有效性看，我国刑法将其作为破坏社会主义经济秩序犯罪，明显低估了其性质的严重性，因为食品安全犯罪绝不仅仅是破坏了经济秩序，不应仅将其看做经济犯罪，而应将其归类在第二大类犯罪，即危害公共安全犯罪中。

二、食品安全法等附属刑法与刑法规定衔接不足

2009 年我国施行了食品安全法，此后相继出台了大量配套法规、食品安全标准等以期保证该法的顺利运行。但是，由于诸多法律法规的颁布部门不同，难免使得法律法规中对于某个事件存在交叉重复规定的现象，给正确的司法和执法工作造成了隐患，经常出现针对同一违法行为，不同执法主体依照不同执法标准，处理结果不一致的问题，最后导致法律法规的权威性受到质疑。尤其是 1997 年施行的刑法与食品安全法之间，由于时间上的巨大差异，矛盾更加突出。虽然我国新近出台了《刑法修正案（八)》，不过该修正案仅就涉及刑法第 143 条生产、销售不符合安全标准的食品

罪和第144条生产、销售有毒、有害食品罪的相关罪名和法定刑进行了修改，仅仅增设了食品监管渎职罪一项罪名，对于食品安全法第98条“违反本法规定，构成犯罪的，依法追究刑事责任”是否能起到作用尚存疑问，因此存在食品安全法与刑法规定之间的衔接问题。

首先，食品安全法所涉及的食品规范过程和范围比较广泛，涉及食品生产、加工、运输、销售和监管等人员，包括对食品、食品添加剂、食品相关产品、食品运输工具等的标准等。而刑法相关规定的范围则比较窄，刑法第140条、第143条和第144条对于食品安全犯罪的规定仅仅涉及“生产”和“销售”环节，对于食品流通过程中的包括运输、储存等其他环节的犯罪则没有详细规定。例如，如果食品运输中出现问题，发生运输延误且未采取有效的保鲜措施，致使食品变质，运输者在明知食品变质的情况下将食品交付销售者销售，造成严重后果。在这种情况下，食品运输公司的行为既不是生产行为也不是销售行为。按照罪刑法定原则，由于没有具体规定，按照现行刑法规定，就很难追究食品安全犯罪，但事实上这种行为具有严重的社会危害性，需要刑法予以规制。同时，刑法对于食品安全犯罪中的犯罪对象仅规定了包括“食品”和少数在单行刑法中涉及的如盐酸克仑特罗等非食品原料物质，未包括绝大部分的食品添加剂以及食品相关产品。同时也忽视了食品的包装材料、容器、洗涤剂、消毒剂和用于食品生产、经营的工具、设备等。这就导致了行为人违反相关义务，需要承担相应的刑事责任时，在刑法中却找不到相关的法律依据。也就是说，如果行为人违反食品安全法的相关规定造成严重后果，需要追究刑事责任时，却无法找到刑法与之对应的罪名和刑罚，这是一个相当尴尬的问题。

其次，现行刑法缺少对初级食用农产品的规制。司法实践中，大量的食品安全事件发生于食品生产链源头的作为食品原料的农作物的种植与禽、畜等食用动物的养殖过程中，但由于现行刑法所指的食品并不涵盖农产品，因此该环节的严重违法行为在现实中往往

无法受到刑事制裁。例如，2002 年“瘦肉精”事件曝光后，在无法直接依据刑法追究不法养殖户、商贩在饲料或动物饮用水中使用禁用药品行为刑事责任的情况下，最高人民法院与最高人民检察院联合出台了《关于办理非法生产、销售、使用禁止在饲料和动物饮用水中使用的药品等刑事案件具体应用法律若干问题的解释》，其规定使用盐酸克仑特罗等禁止在饲料和动物饮用水中使用的药品或者含有该类药品的饲料养殖供人食用的动物，或者销售明知是使用该类药品或者含有该类药品的饲料养殖的供人食用的动物的，以生产、销售有毒、有害食品罪追究刑事责任。值得庆幸的是，食品安全法的立法者注意到了这一法律漏洞，其第 2 条第 2 款规定：“供食用的源于农业的初级产品（以下称食用农产品）的质量安全管理，遵守《中华人民共和国农产品质量安全法》的规定。但是，制定有关食用农产品的质量安全标准、公布食用农产品安全有关信息，应当遵守本法的有关规定。”因此，要实现从“农田到餐桌”的食品安全，在刑法保护上已经没有明显的法制障碍了。

此外，刑法的规定面临新科学技术带来的冲击。随着基因技术的发展，转基因产品相继出现，但是转基因食品产生的潜在危害却很难界定，这也为刑法的发展完善提出了新的挑战。这样，刑法对于食品安全犯罪的相关规定需要进一步发展完善，以适应新型食品安全犯罪的法律规制问题，完善刑法与其他法律法规的衔接问题，避免矛盾的出现，做到法制的统一。

三、不符合安全标准的食品与有毒、有害食品的区分困难

生产、销售不符合安全标准的食品罪与生产、销售有毒、有害食品罪的区别主要在于生产、销售不符合安全标准的食品罪在食品中掺入的原料可能有毒、有害，但其本身是食品原料，其毒害性是由于食品原料污染或者变质所引起的，而生产、销售有毒、有害食品罪是指往食品中掺入有毒、有害的非食品原料。与刑法相比，食品安全法的保护范围已从单一的食品扩展到食品添加剂、食品相关

产品，针对的行为包括生产经营不合格食品，生产经营有毒、有害食品等。在该法的立法寓意里，安全的食品是不会产生可预见的食用风险的。因此，不符合食品安全标准的食品一定是有毒、有害的食品，而有毒、有害的食品的生产加工过程也一定不符合现有食品安全标准。这样所谓的“不符合安全标准”与“有毒、有害”在标准认定上缠绕难清，况且从一般人看来，“不符合安全标准”与“有毒、有害”没有什么区别，都是不能作为食品食用的物质。

所以，从食品安全法与刑法既有规定的衔接以及适当扩大打击危害食品安全犯罪范围的角度来看，就没有必要再对不符合安全标准的食品与有毒、有害的食品进行区分，并划入不同罪名进行保护。刑法在规定生产、销售不符合安全标准的食品罪之外再设生产、销售有毒、有害食品罪，并规定更重的刑罚，原是考虑到生产、销售有毒、有害食品行为的社会危害性更大，是为了体现罪行相适应原则。但是，造成食品有毒或有害的途径是多方面的，如司法实践中经常发生的使用有毒或有害物质浸泡洗涤食品，或者食品本身已过保质期而霉变等多种致毒、致害途径，均不符合刑法第144条关于“在生产、销售的食品中掺入有毒、有害的非食品原料”的规定，只能以生产、销售不符合安全标准的食品罪追究不法分子的刑事责任。然而，经上述途径致毒的食品对人民群众的身体健康及生命安全造成的毒害程度并不亚于在食品中直接掺入有毒、有害的非食品原料。因此，需要引入“不安全食品”这一名词来替代不符合安全标准食品以及有毒、有害食品，合并刑法第143条和第144条，才能解决实践中存在的问题。

四、不安全食品持有、储存者的刑事责任缺失

依照《刑法修正案（八）》的规定，将我国刑法第143条修改为“生产、销售不符合食品安全标准的食品，足以造成严重食物中毒事故或者其他严重食源性疾病的，处三年以下有期徒刑……”将刑法第144条修改为：“在生产、销售的食品中掺入有毒、有害

的非食品原料的，或者销售明知掺有有毒、有害的非食品原料的食品的，处五年以下有期徒刑……”刑法中仅仅规定了关于不符合安全标准的食品及有毒有害的食品的生产、销售两种行为方式，但这两种行为方式是否囊括了现实生活中所有的危害食品安全的行为呢？

例如，某些行为人持有（占有）或储藏危险食品（指上述不符合安全标准的及有毒、有害的食品）就是如此，因为这是一种危险状态，存在随时流入市场造成食品安全事故的可能性。但是对这种行为现行刑法中没有相应的规定，如果行为人占有或储藏危险食品在销售之前被查获，应该如何处理？因为“法无明文规定不为罪”，故对此种持有（占有）、储藏行为不能认定为犯罪，无法追究其刑事责任。尽管在此种场合下，罪刑法定原则得以体现。这样会产生两个弊端：一是刑法所保护的社会关系和社会秩序已经处于危险之中，随时都可能发生食品安全事故。而刑法却无能为力，不能进行预防。二是还会助长行为人的侥幸、冒险心理，只要谨慎小心不被发现，尽可以继续实施销售行为。就算其被查获持有或储藏危险食品，完全能以既没有生产也没有销售为由脱身。这实际上等于法律在默许、放任此种行为。最终，只能待危害行为得以继续或者极易造成实际的物质性危害后果时，刑法才能发挥其惩罚作用。但是对犯罪人的惩罚却不能使受到危害的法益完全得以恢复，如受害人因有毒食品死亡。应该说，只惩罚生产和销售两种行为，不能有效遏制危害行为的发生和继续，也不能预防犯罪造成的严重后果的发生，刑法预防犯罪的目的并未得以真正实现。刑法本身具有滞后性，现代社会变化之疾之大使刑法即使经常修改也赶不上它的速度。如果再有罪刑规定的疏漏，将对保护社会关系免受侵害极为不利。

刑法未将持有或储藏不符合安全标准的食品或者有毒有害食品的行为规定为犯罪，并不能表明其不存在社会危害性。社会危害性是犯罪的首要特征，即指行为对刑法保护的社会关系的侵犯性。

"社会危害性的内部结构是主客观的统一，即一定的人在罪过心理的支配下实施的危害社会的行为，才可能具有刑法意义上的社会危害性。"① 行为人持有或储藏危险食品不是目的，其目的是最终通过销售等方式获得利益。目前的持有、储藏行为是销售行为的前端，是在为追求利益做准备。一般而言，行为人肯定要将这种食品转让换取钱款才会罢手。在行为人转让之前，暂时不会发生可以具体测量的物质性的危害后果，但转让完成后危害后果必定发生。因为危险食品一旦流入社会必会被人食用，那将严重危害人体健康。这种危害后果一旦发生则不可逆转，难以复原。故持有或储藏危险食品的行为具备造成严重后果的极大可能，具有极大的危险性。行为人主观上知道自己所持有的危险食品可能会造成严重危害后果，未通过销售谋取利益而在客观上实施持有、储藏行为，应当认为具有社会危害性。

刑法未规定持有、储藏危险食品的行为为犯罪，将导致刑法威慑无力，不利于实现刑法保护食品安全的功能。刑法严厉的强制性决定了其具有威慑力，威慑力是刑法本质机能的体现，来自于其罪刑规定。即将某些危害行为规定为犯罪并设定相应的刑罚，而刑罚是具有剥夺性痛苦的。西原春夫说："刑法的本质机能又称为规制机能，是对一定的犯罪预告施加一定的刑罚，由此来明确国家对该犯罪的规范性评价。而且，这种评价有这样的内容，即各种犯罪值得施以各种刑罚这一强劲的强制力。"② 行为人如果实施了符合刑法中罪刑规定的行为，就会被追究刑事责任，国家将对其科以刑罚以示惩戒。通过这种方式既可教育行为人，又可教育大多数人，懂得可为不可为的道理。趋利避害是人之本性，慑于刑罚施之于身的剥夺性痛苦和被定为犯罪而蒙受的道义非难，人们会控制自己，不

① 张明楷著:《刑法学》，法律出版社 2001 年版，第 7 页。

② ［日］西原春夫著:《刑法的根基与哲学》，顾肖荣等译，法律出版社 2004 年版，第 44 页。

去实施各种危害行为。如此，刑法预防犯罪的目的得以实现。但是，刑法未将持有、储藏危险食品的行为规定为犯罪，那就意味着刑法漠视这种行为的危害性，告诉人们这种行为是正当的，刑法是不禁止的。而事实上，行为人持有、储藏危险食品最终是要通过销售等方式获利的，这一点已如前述。因此，一个存在发生严重危害后果的危险行为却不为刑法所禁止是不可接受的。如果仅仅等到行为人的销售行为（是更可能发生危害后果的）发生再由刑法进行规制，对社会关系的保护是不利的。只有将持有、储藏危险食品的行为规定为犯罪，才能发挥刑法的威慑力，从根本上杜绝危险食品流入社会，更好地发挥刑法的保护功能。

而且，未将持有或储存不安全食品的行为规定为犯罪，不利于打击食品安全犯罪行为。生产、销售不安全食品的犯罪往往具有隐蔽性，查证困难，食品安全主管机关以及公安机关为调查取证耗费了大量的人力、物力，但效果并不理想，不少来源和去向不明的危害食品安全行为仍然难以得到应有的惩治。

五、食品犯罪的刑阶设计欠合理

根据现行刑法第 143 条规定，生产、销售不符合安全标准的食品罪是典型的危险犯，只要“足以造成严重食物中毒事故或者其他严重食源性疾患”即可构成。而生产、销售有毒、有害食品罪是行为犯，只要实施了在生产、销售的食品中掺入有毒、有害的非食品原料的，或者销售明知掺有有毒、有害的非食品原料食品行为的，就构成本罪。从量刑上看，生产、销售有毒、有害的食品罪比生产、销售不符合安全标准的食品罪起刑点更高。罪刑相适应原则要求刑罚的轻重与其社会危害性的大小相一致。在不符合安全标准的食品所造成的危险与生产、销售加入有毒、有害食品行为所造成的危害之间进行衡量，前者的危险并不一定就小于后者的危害。例如，生产液态饮料时使用不符合安全标准的含有甲醛化合物的包装材料，与生产加入同样剂量甲醛成分的液体饮料相比，二者的毒害性应该是相同的。上述两种饮料如果进入消费领域，其社会危害性会是旗鼓相当的；如果还未进入消费领域，那么依两罪危险犯与行为犯性质的不同，危险已经发生应该比只有行为但尚未发生危险具有更大的危害性。可是这样的思考就会陷入逻辑陷阱，这两种饮料无论是已被消费还是未被消费，既然毒害性一样，危险性就应该相当，仅依两罪危险犯与行为犯性质的不同，就能判定一者的罪行重，一者的罪行轻吗？对食品行业的从业人员来说，其对自己生产不符合安全标准食品的行为或是在食品中掺入有毒、有害非食品原料的行为，可能造成的危害人体健康的风险应该都会有充分的预估以及明确的认识。因此，两罪在主观恶性方面也是不分上下的，并没有什么更充分的理由在两罪之间设置不同的起刑点，划分不同的刑阶。可见，两罪之间的刑阶差异不符合立法公平合理的追求。

第五章　风险社会视野下我国食品安全刑法保护之重构

从法律制度的角度讲，确保食品安全并非仅靠一部食品安全法即可奏效，还需要更多的法律规范或是部门法的相互协调和衔接，以形成完整的确保食品安全的法律体系。食品安全法出台后，许多法律面临着调整和完善，刑法亦是如此。食品安全犯罪关乎民众的生活和身体健康，一旦发生就会造成巨大的损害结果，对这类犯罪行为，应当以预防为主，这种预防性的刑法制裁也就是现在大陆法系国家比较流行的风险刑法理论或安全刑法理论所主张的。因此，如何在刑事司法实践中适用食品安全法，除了要遵守罪刑法定原则外，还应当在风险刑法理论的指导下对刑法典进行相应的完善，并根据该理论将刑法典适用于具体案件。

第一节　风险社会下我国食品安全刑法规制的意义

一、食品安全刑法保护之必要性

众所周知，刑法具有最为严厉的强制性。可以说，任何法律都具有强制性，任何侵犯法律所保护的社会关系的行为人都必须承担相应的法律后果，受到国家强制力的干预。但是其他法律、法规的强制性都不及刑法的强制性严厉，因为刑法不但可以剥夺行为人的财产权利、政治权利，甚至可以剥夺其人身自由乃至剥夺其生命。刑法作为同犯罪行为作斗争的武器，自然适用于食品安全犯罪。

《食品安全法》第98条规定："违反本法规定，构成犯罪的，依法追究刑事责任。"如果行为人不遵守食品安全法，刑法将作为食品安全保障的最后一道防线发挥作用。

食品安全法只能对危害食品安全的行为设定没收违法所得、罚款、责令停产停业以及吊销许可证等行政处罚，而对于比较严重的危害食品安全的行为则需要依靠刑法进行刑事处罚，以达到与其危害行为的社会危害性相适应的处罚。通过对食品安全进行刑法保护，可以对危害食品安全行为产生较强的威慑力，对犯罪行为给予有力的打击。另外，加强对食品安全的刑法保护，符合国际食品安全保护的需要。当前，世界各国政府都十分重视食品安全，加强刑法的保护已成为世界各国所普遍认同的做法。这种做法值得我国在立法工作中借鉴。保护食品安全需要一个全方位监管体系，刑法作为监管体系中最为严厉也是最重要的一个环节，必将在今后的食品安全监管工作中发挥更加重要的作用。

二、风险社会下食品安全刑法保护的思维转变

所谓风险社会，其意在指出现代社会具有一种风险性特征，是一种风险性的社会。这种风险具有以下特点：一是风险的人为性，即现代社会的风险与传统社会的自然风险不同，大多是人类自己的行为所造成的；二是风险影响后果的巨大性，即现代社会风险所带来的负面后果往往不可估量，具有损害结果的重大性、跨地域性与跨时间性等；三是风险影响结果与途径具有不确定性，即某一风险会造成什么样的影响，影响的途径是什么，传统的风险计算方法往往无能为力；四是风险影响对象的广泛性，这是指现代风险所可能造成的损害大多不分阶级性或阶层性，每个人所可能受到影响的概率是同等的；五是风险的不可完全消除性，这是因为现代社会风险作为一种人为风险，它是人类为了生活舒适与便利而对社会生活与自然加大干预范围与深度的结果，是人类追求更高层次生活所不可避免的"副产品"，只要人类不停止这种追求，这种风险就不可能

得到完全的消除。

应当说，《刑法修正案（八）》对食品安全犯罪的修改，是对食品安全犯罪问题认识上的大转变，但是这样的转变实际上并不彻底。实际上在《刑法修正案（八）》出台之前，结合国内严峻的食品安全犯罪形势，有学者就提出，应重新定位和设置危害公共卫生罪，认为公共卫生是公共安全的应有含义。将生产、销售假药罪，生产、销售劣药罪，生产、销售有毒、有害食品罪，生产、销售不符合安全标准的食品罪，生产、销售不符合标准的医用器材罪，生产、销售不符合卫生标准的化妆品罪从“破坏社会主义市场经济秩序罪”中划出，转列入卫生犯罪中。① 还有学者进一步认为，食品安全犯罪绝不仅仅是破坏了经济秩序，不应仅将其看做经济犯罪，而应将其归类在第二大类犯罪，即危害公共安全犯罪中。② 当然，也有学者认为，食品犯罪的客体尽管是公共安全，在犯罪客体特征上部分地符合危害公共安全罪的特征，但是在性质上，这类犯罪却应当属于经济犯罪，而不应当属于危害公共安全犯罪。③

客观地说，随着市场经济体制的确立和发展，我国食品安全恶性犯罪的危害性也在发生着变化。近年来，食品安全事故频发，从山西假酒到阜阳劣质奶粉，从金华毒火腿到影响巨大的“三鹿奶粉”事件，从双汇瘦肉精事件直至2011年的台湾食品“塑化剂”风波。上述这些重大的食品安全事件反映出我国的食品安全问题不再是易于控制的食品卫生、质量等问题，而是呈现出新的风险特征，即存在不易觉察、隐蔽性高，人为不确定因素加大，科技含量上升，波及范围广以及受影响人数多等特征。食品安全的内涵已被

---

① 刘远、景年红：《卫生犯罪立法浅议》，载《法学》2004年第3期。

② 田禾：《论中国刑事法中的食品安全犯罪及其制裁》，载《江海学刊》2009年第6期。

③ 刘长秋：《试论我国刑法中的食品犯罪》，载顾肖荣主编：《经济刑法》(3)，上海人民出版社2005年版，第114~115页。

扩展，引发食品安全问题的风险因素已逐步显现出来。而我国的食品安全问题，既有传统风险形式下的食品安全问题，又有转型初期的制度性风险所引发的食品安全问题，还有后工业时代人们所普遍面临的化学添加剂及转基因食品等与科技发展相联系的食品安全问题。尽管风险社会理论还只是某些发达国家（特别是德国）在较高的现代化水平上形成的一种“现代化焦虑症”，我们还没有真正进入风险社会之中，但我们已经不得不面临风险社会带来的许多挑战。① 2010 年 6 月，食品安全法施行一年之际，相关机构对全国 12 个城市开展公众安全感调查。在社会治安等 11 项安全问题调查问答中，食品安全以 72% 的比例成为被调查对象“最担心”的安全问题。②“可以很清楚地看出，危害食品安全类犯罪在具有逐利性特征，破坏竞争秩序的同时，实际上已经完全超越了最初意义上的“伪劣商品”的范畴，食品安全恶性案件更主要的是侵害了不特定多数人的健康权利和生命安全，危害了公共安全乃至国家的安全。只有充分认识到，食品安全犯罪侵害了不特定多数人的健康权利和生命安全，才能更加体现现代刑法以人为本的法制理念，有利于对公共安全的保护，提高公民及当事人对食品安全犯罪的社会危害性的认识，有效遏制日益突出的相关犯罪的发生。对此，全国人大常委会人员也明确表示，应进一步提高对食品安全重要性的认识，把食品安全作为“国家安全”的组成部分。③

从各国刑法的规定来看，较多的国家已经将涉及食品安全的犯罪列入危害公共安全罪之列。例如，《俄罗斯联邦刑法典》第 25

---

① 姜涛：《风险社会之下经济刑法的基本转型》，载《现代法学》2010 年第 4 期。

② 《严惩危害食品安全犯罪亟须修订刑法》，载《法制日报》2010 年 9 月 21 日。

③ 《人大建议将食品安全纳入国家安全鼓励媒体揭露》，http://new.jcrb.com/jxsw/201106/t20110630_564415.html。

章“危害居民健康和社会公德的犯罪”第238条规定了生产或销售不符合安全标准的商品罪，并把该类犯罪置于“危害公共安全和社会秩序的犯罪”之下，从而认定食品犯罪是危害公共安全犯罪的一部分。①《意大利刑法典》在第六章“危害公共安全罪”第440条至第445条、第452条规定了关于销售食品或药品而对公众健康造成危险的犯罪。②《巴西联邦共和国刑法典》第272条至第281条也详细规定了有关生产、销售食品而侵害公众健康的犯罪，这些罪名也都是置于该刑法第八篇“危害公共安全罪”第三章“妨害公共健康罪”之下。我国《食品安全法》第1条规定：“为保证食品安全，保障公众身体健康和生命安全，制定本法。”可见，制定食品安全管理制度的目的在于保障食品安全，保障广大群众的身体健康和生命安全，这是食品安全管理制度的首要职能。刑法对于食品安全的规定，是食品安全管理制度的一个方面，是严重违反食品安全管理制度的人要承担的最严重的责任，因此也应当符合食品安全管理制度的职能。将与食品安全相关的罪名归入危害公共安全类犯罪，是符合食品安全管理目的的。

第二节　增设与风险社会理念相适应的新型犯罪

一、适当增加过失的食品安全犯罪

我国刑法中有关食品安全的犯罪，如生产、销售伪劣产品罪，生产、销售不符合安全标准的食品罪以及生产、销售有毒、有害食品罪等，都需要行为人在主观上具有故意。行为人不履行食品安全法规定的查证查货的注意义务而导致食品安全事故的，并不能根据

---

① 赵微著：《俄罗斯联邦刑法》，法律出版社2003年版，第379页。

② 黄风译：《最新意大利刑法典》，法律出版社2007年版，第156～158页。

这些罪名进行处罚。因为没有履行查证查货义务，只是应当注意而没有注意，与生产、销售不符合安全标准的食品罪，生产、销售有毒、有害食品罪的故意还是有相当的差距的，即应当注意而不注意还不能说明行为人在主观上具有故意，不管是对行为性质，还是对结果的故意。比较恰当的做法是放松对这些罪名在主观方面的要求，规定过失行为也能构成以上罪名。

二、适当增加不作为型的食品安全犯罪

食品安全法对食品生产经营者规定了一系列的作为义务，其中比较重要的是不安全食品的召回义务。缺陷食品召回是发达国家保护食品安全的一项较为成熟的法律制度。缺陷食品召回制度是指食品生产者、经营者发现不安全食品、食品安全事故隐患或者发生食品安全事故时，负有停止生产、召回缺陷食品的义务。

我国《食品安全法》第53条规定："国家建立食品召回制度。食品生产者发现其生产的食品不符合食品安全标准，应当立即停止生产，召回已经上市销售的食品，通知相关生产经营者和消费者，并记录召回和通知情况。食品经营者发现其经营的食品不符合食品安全标准，应当立即停止经营，通知相关生产经营者和消费者，并记录停止经营和通知情况。食品生产者认为应当召回的，应当立即召回。食品生产者应当对召回的食品采取补救、无害化处理、销毁等措施，并将食品召回和处理情况向县级以上质量监督部门报告。食品生产经营者未依照本条规定召回或者停止经营不符合食品安全标准的食品的，县级以上质量监督、工商行政管理、食品药品监督管理部门可以责令其召回或者停止经营。"这必然涉及生产者、经营者如违背缺陷食品召回义务构成犯罪的，应如何承担刑事责任的问题。

根据刑法理论中的不作为理论，当行为人的行为使刑法所保护的法益处于危险状态时，行为人就负有义务来采取有效措施排除危险或防止危害结果的发生，如果行为人有能力履行义务却不履行而

导致严重危害结果发生，就构成不作为犯罪。在司法实践中，将发生食品安全事故后，食品生产者、经营者及时销毁、停止销售和召回可疑食品的积极行为作为刑罚裁量时酌定从轻处罚的情节，在一定程度上对防止危害结果进一步扩大起到积极的控制作用。

但是，对于生产经营者拒不召回不安全食品的行为在定罪处罚方面也存在一定的难度。因为现代工业化的食品生产是一个比较复杂的过程，有时虽然食品生产者严格按照食品安全法的规定进行了生产，仍然难以避免可能出现一些危害人体健康的食品，尤其是食品添加剂的使用，有时很难在规定的时间内对其危害性作出准确评估。

在现实中，不安全食品的产生实际上有两种可能性，一种是因为食品生产销售者的故意或过失行为所导致的，另一种是很难证明食品生产销售者在生产销售时具有故意或过失的行为导致的。对于因为后一种可能性所产生的不安全食品，即使将过失生产销售不符合安全标准的食品，有毒、有害食品的行为纳入刑法规制范围，也因为很难证明食品生产者在主观上具有故意或过失，难以对其进行刑法规制。将生产经营者拒不召回不安全食品的行为予以犯罪化，除了可以促使食品生产销售者在发现不安全食品后积极防止、减少危害结果的发生外，还可以对一些后来发现所生产的食品具有危害性，却难以证明生产者具有主观过错，而且也造成严重后果的行为予以刑事制裁。

这样，对于此类犯罪应区别具体情况做如下处理：第一，当食品生产经营者发现不安全食品、食物中毒事故隐患、食品安全事故隐患时（可以是自己发现的，也可以是接到有关部门的通报，即先行行为还没有构成犯罪），未立即停止生产销售，未采取措施召回不安全食品，由此造成人员伤亡或其他严重后果的，应以相关的罪名定罪处罚（生产、销售不符合安全标准的食品罪或生产、销售有毒、有害食品罪）。因为行为人在明明发现了不安全食品、食品中毒事故隐患、食品安全事故隐患后，对其所能产生的危害结果已经预见，却不采取相应的防止措施，放任危害结果的发生，其主观上已具备了犯罪故意心理；客观上因其不采取积极的救助措施而导致食品中毒事故、食品安全事故的危害结果发生，已具备了构成犯罪的主客观要件。

第二，当食品的生产者、经营者所生产或经营的不安全食品已发生了食物中毒事故或食源性疾患时，而未采取相应措施召回不安全食品或因未及时召回而使危害结果进一步扩大的，因其先行行为已构成犯罪，未履行召回义务，可作为从重处罚的情节；如因未召回缺陷食品而使危害结果进一步扩大的，可以结果加重犯处罚。这样，既坚持了罪刑相适应的原则，又强化了生产经营者召回义务，有利于对食品安全的保护。

三、适当惩处食品安全犯罪的预备行为

风险刑法理论的核心是将刑法介入时间提前，扩大犯罪圈。这种刑法介入时间的提前，最主要的表现是对一些犯罪预备行为进行刑罚处罚。但对犯罪预备行为进行刑罚处罚存在一个主观的证明难题，即如何证明行为人具有犯罪之目的。因此，对于食品安全犯罪的预备行为是否应当进行刑罚处罚也存在类似疑问。但需要指出的是，并不是所有的生产销售不符合食品安全标准的食品或有毒有害食品的预备行为都难以证明其主观目的，有些食品之所以不符合食品安全标准或有毒有害，其主要原因在于生产者为降低生产成本而使用了变质或有毒有害的原料，或销售者为了牟取暴利而低价购入不符合食品安全标准的食品或有毒有害食品，而且生产者或销售者购入这些原料或食品，除了用于生产不符合安全标准的食品或有毒有害食品，或用于销售外，别无其他用途，证明其犯罪目的还是比较容易的。因此，对于为了生产不符合食品安全标准的食品或有毒有害食品而大量购入问题原料或为了销售而大量购入不符合食品安全标准的食品或有毒有害食品的行为，也应当予以刑罚处罚。

当然，风险刑法理论的不恰当适用，也有违背刑法谦抑原则而

限制自由、损害公众合法权益的危险。因此，对于违反食品安全法的行为，如果能通过其他行政制裁或民事制裁等措施而达到抑制的目的，就不应当运用刑事制裁。如食品生产经营者违反《食品安全法》第27条规定的有关工艺或流程要求的行为，就并非只有通过刑法调整才能达到抑制之目的。

第三节　规范食品安全犯罪的刑法规定

一、在刑法分则中以章节设立“危害食品安全罪”

(一) 增设“危害食品安全罪”的原因分析

我国食品安全法及刑法中的相关内容虽然都对危害食品安全的行为作了规定，但是相关规定已不能适应目前的保护需要，在打击的力度与广度上应加以修改与完善。从食品安全的刑法保护方面来讲，我国刑法关于食品安全的规定显得较为单薄，而且许多环节的违法犯罪行为都缺乏相关的规定，因此需要对刑法进行完善，加大食品安全的刑法保护力度。

鉴于以上情况，本书建议在我国现行刑法分则中单列一章——“危害食品安全罪”，将已有的生产、销售不符合安全标准的食品罪与生产、销售有毒、有害食品罪吸收进来，同时加入《刑法修正案（八)》中对于食品监管渎职罪的规定，并且以风险刑法理论为基础，增设过失食品安全相关犯罪、不作为型食品安全犯罪、食品安全预备罪以及其他与食品安全相关的罪名，整合构成专章规范我国食品安全整个流程。根据食品安全法的规定，食品安全涉及食品生产经营、食品添加剂的生产经营、食品相关产品的生产经营、食品的安全管理、食品安全的监督管理等众多领域和环节，结合食品安全法第20条、第27条等的规定，具体罪名应包括：非法生产、销售食品罪，生产、销售伪劣食品罪，生产、销售安全食品罪，生产、销售不符合食品安全标准相关产品罪，违反食品安全标准管理罪，食品安全事故不报罪，拒不召回不安全食品罪，出具虚假食品检验证明罪，食品安全监管失职罪等。

在《刑法》中增设“危害食品安全罪”具有以下优点：

第一，增设“危害食品安全罪”，以空白罪状的方式进行规定，根据将来食品安全法明确具体的内容，既可保持一定的灵活性，也可保持刑法的相对稳定性，节约立法资源。

第二，增设“危害食品安全罪”，可以形成较全面的刑法保护体系，将危害性质与生产、销售不符合安全标准的食品罪或生产、销售有毒、有害食品罪相同，危害程度相当的行为纳入刑法打击的对象，扩大刑法保护的范围，有利于维护人民群众的食品安全与身体健康及生命安全。食品安全犯罪不仅侵犯了社会主义市场经济秩序，更严重的是危害了公共安全。

(二)“危害食品安全罪”的构成特征

危害食品安全罪，是指违反国家有关食品卫生与安全法的规定，进行危害食品安全的行为，足以对人体健康造成重大危害的行为。

首先，危害食品安全罪是一项概括和抽象的罪名，目的是对刑法已规定两个罪名之外的危害食品安全的行为进行打击。它具有一定的概括性，但不能作无限制的扩张。它以空白罪状的方式，对违反国家有关食品卫生与安全的规定，并且足以造成严重危害人体健康的行为予以惩罚，它针对的是除生产、销售不符合安全标准的食品罪和生产、销售有毒、有害食品罪之外的，在涉及食品安全的整个过程中危害食品安全可能危害人体健康的行为。只有违反了国家关于食品卫生与安全的法律规定，且足以造成严重后果的行为才构成危害食品安全罪。它是与国家食品卫生与安全相关规定的完善相配套的。

危害食品安全罪的行为在范围上不应仅仅限于生产与销售这两个环节，它所指的应是在涉及食品安全的整个过程中可能对食品安全造成危害的行为，不仅包括现行法律所侧重的食品生产、制造环节，还要从产前组织、生产过程、物流运作、超市等整个产业链的角度进行监管，涵盖从食物种植、养殖、原材料供应、加工、包装、储藏、运输、销售等全过程。只有从全方位的角度加强对食品安全的监管，从源头进行治理，形成统一的法律监管体系，才能够有效地抵制杜绝危害食品安全的行为。

（1）犯罪客体。本罪的犯罪客体为复杂客体，包括国家对食品卫生与安全的管理制度以及不特定多数人的身体健康与生命安全。

（2）犯罪客观方面。违反国家关于食品卫生与安全的法律规定，危害食品安全，足以对人体健康造成重大损害的行为。如明知用于生产销售有毒有害食品而向其提供原料的行为，或在储藏、运输过程中严重违反国家的食品卫生安全标准，足以危害人体健康的行为。行为在性质与危险程度上应当与已有的两个罪名相当，而且在具体内容的确定上应根据相关食品卫生安全法规的完善进行补充与调整，有效地打击危害食品安全的行为。

危害食品安全罪应是危险犯。危害食品安全的行为必须足以对人体健康造成重大危害，才能构成本罪。食品安全与人们的身体健康、生命安全有着重要关系，对其进行严厉的打击是十分必要的。但我们也应当意识到刑罚手段的弊端，采取刑罚措施应当严格审慎，避免刑罚的滥用。危害食品安全罪应以其行为形成一定的危险，足以危害人们的身体健康为要件，同时对于造成严重后果的则可以按照结果加重犯，依照法定刑从重处罚。

（3）犯罪主体包括自然人和单位。

（4）犯罪主观方面。包括直接故意以及间接故意。行为人故意实施的危害食品安全的行为当然构成本罪，同时如果行为人对可能造成人体健康损害的行为放任而导致结果发生的也构成本罪。

在刑事责任的规定上，可以比照生产、销售不符合安全标准的食品罪和生产、销售有毒、有害食品罪的规定，对基本构成以及加重构成制定不同程序的惩罚措施，同时对单位犯罪的，在判处罚金的同时，对直接负责的主管人员和其他直接责任人员，依照自然人的规定处罚。

二、增设持有型食品安全犯罪

一般来说，风险社会语境下的安全刑法往往都会在刑事立法中增加持有型犯罪，从而达到严密刑事法网、控制风险的目的。所谓持有，是指行为人对特定物品进行事实上和法律上的支配、控制。① 各国刑法中持有型犯罪构成的立法设计主要基于两种情形：一是作为实质预备犯规定的持有特定犯罪工具或凶器的独立犯罪构成；二是就具有重大法益侵害直接危险的持有特定物品的行为，可能掩饰、隐藏重大犯罪行为的持有特定物品行为，或者仅针对具有特殊法律义务的行为主体即国家公务员设定少量持有型犯罪构成。就前一情形的持有型犯罪而言，持有型犯罪构成的设置实际上是国家追究实质预备犯的刑事责任而运用的一种立法技术。这种类型的持有行为是实施其他目的行为的实质预备行为，立法者根据行为本身所具有的法益侵害危险而设计为独立的犯罪构成，立法目的在于惩罚早期预备行为以防止将来严重犯罪的发生，因而在风险社会，这种持有型立法被较多地采用。如持有枪支、弹药、爆炸物、危险物品等犯罪。这种类型的持有型犯罪本质上可以被理解为抽象危险犯。而第二种类型的持有型犯罪实际上发挥的是一种堵截犯罪的功能。

就食品安全犯罪而言，行为人持有或储藏危险食品不是目的，其目的是最终通过销售等方式获得利益。

目前的持有、储藏行为是销售行为的前端，是在为追求利益做准备。一般而言，行为人肯定要将这种食品转让换取钱款才会罢手。在行为人转让之前，暂时不会发生可以具体测量的物质性的危

---

① 高铭暄、马克昌主编：《刑法学》（第三版），北京大学出版社、高等教育出版社 2007 年版，第 79 页。

害后果，但转让完成后危害后果必定发生。因为危险食品一旦流入社会必会被人食用，那将严重危害人体健康。这种危害后果一旦发生则不可逆转，难以复原。故持有或储藏危险食品的行为具有造成严重后果的极大可能，具有极大的危险性。但是实践中，生产、销售危险食品的犯罪具有隐蔽性，查证困难，食品安全主管机关以及公安机关为调查取证耗费了大量的人力、物力，但效果并不理想。这种状况使得不少来源和去向不明的危害食品安全行为难以得到应有的惩治。缺乏持有、储藏危险食品的犯罪规定不利于有效遏制危害食品安全的行为。将持有危险食品规定为犯罪，有利于杜绝危险食品流向市场。实际上，世界上很多国家在刑法中规定了持有危险食品的行为为犯罪，规定了行为人的法律责任。例如，《瑞典刑法典》第233条贩卖有害健康之饲料罪规定："故意输入、储藏、陈列或者贩卖有害健康之饲料或者原料者，处轻惩役或并科罚金，并公告有罪之判决。"《意大利刑法典》第442条规定："虽然没有参加前三条列举的犯罪，但以对公共健康造成危险的方法为销售而持有、销售或者为消费而分发已被他人投毒的已腐败的、已变质的或者已掺假的水、食品或物品的分别处以以上各条规定的刑罚。"这为我们增设持有危险食品罪提供了借鉴。

本书所称非法"持有"包括"储藏"行为在内，对二者不再分开论述；所谓"危险食品"包括不符合安全标准的食品和有毒有害食品，从食品的安全性角度考虑，危险食品也可称不安全食品。

首先，危害食品安全的行为除生产、销售外，持有危险食品同样具有社会危害性。这些不安全食品如果流通到社会上，将造成极大的危害后果，有时是不可逆转、难以复原的。故将其入罪是客观现实需要。因为某种行为被法律规定为犯罪行为，其根本原因就在于它对刑法所保护的法益构成了严重的侵害，或者有侵害的可能性。如果一种行为对社会没有造成危害，则这种行为就没有被规定为犯罪的合法依据。在存在侵害他人利益的人时，利益持有人会对自己的利益继续存在感到不安，就会有希望国家来保护自己利益的欲求。当这种希望保护自己利益的欲求达到一定规模时，作为国家来说，就感到有必要保护该利益，就会有制定刑法的动机。持有危险食品正是如此，将其规定为犯罪是保护食品安全的现实需要，将最大程度地杜绝危险食品流向市场。

其次，国外刑法理论与实践对我国增设持有危险食品方面的犯罪有所启示。在英美刑法学理论上，持有是与作为、不作为并列的一种犯罪行为类型。持有（占有）或称事态（状态），指只要行为人实际控制着某种特定物品，如赃物、毒品等，就构成犯罪。“持有型犯罪在英美刑法中是非常普遍的，《美国模范刑法典》就将持有与作为和不作为并列为犯罪行为的形式。尽管导致持有这种状态或者保持继续持有状态可能包含作为或不作为，但是持有本质上不属于作为或者不作为，而只是一种状态。如英国刑法规定，在公众场合持有攻击性武器是违反《防止犯罪法》（1953 年）的犯罪。”[①]“1972 年《道路交通条例》第 5 条第 2 款规定，任何酒后或吸毒后在道路或公共场所驾车者，都构成犯罪。……只要这种状态存在，就构成犯罪行为。只要行为人负有驾车责任，即使行为人当时处于静止状态，也应构成犯罪行为。”[②] 可见，为更好地保护社会关系，将持有（占有）某种特定物品以及保持这种状态规定为犯罪，是非常有必要的。需注意，“持有犯罪须满足两个条件：第一，必须是制定法明文规定禁止持有某类物品而行为人故意持有，方成为刑法规定的持有犯罪行为；第二，必须是行为人伴随有制定法规定的‘罪恶心态’。上述两条件有时需同时具备；有时只需要符合第一个条件即可认定为持有犯罪。”[③] 即行为人持有刑法明确规定的具

---

① 赵秉志主编：《英美刑法学》，中国人民大学出版社 2004 年版，第 17～18页。

② 刘生荣著：《犯罪构成原理》，法律出版社 1997 年版，第 146 页。

③ 赵秉志主编：《英美刑法学》，中国人民大学出版社 2004 年版，第 29～30页。

有特别危险性的物品。以上所述将为我们增设持有危险食品罪提供理论上的支持。

此外，对比世界各国的立法情况，在刑法中将持有不安全食品规定为犯罪也非常普遍。很多国家都规定了持有、储藏有毒有害食品者的责任。例如，《瑞典刑法典》第233条（贩卖有害健康之饲料罪）规定："故意输入、储藏、陈列或者贩卖有害健康之饲料或者原料者，处轻惩役或并科罚金，并公告有罪之判决。"《意大利刑法典》第442条规定："虽然没有参加前三条列举的犯罪，但以对公共健康造成危险的方式为销售而持有、销售或者为消费而分发已被他人投毒的已腐败的、已变质的或者已掺假的水、食品或物品的分别处以以上各条规定的刑罚。""他山之石，可以攻玉"，这些国家的立法范例将给我们有益的启示。

我国把持有毒品的行为规定为犯罪，如果把持有危险食品与之对比，更有理由说明刑法应当增加持有危险食品罪。首先，从与人接触的频繁程度来说，毒品与食品无法相提并论。毒品如鸦片、海洛因、冰毒等，非日常必需品，没有它们对人体并不会产生什么影响，而且大部分人不会去接触。可是食品不同，食品对于人们的重要性是不言而喻的。食品的流通范围广泛，与人们的接触频率极高。一旦食用不安全食品，将对人们的身体健康造成严重危害。因此，危险食品的危害性大于毒品。其次，从持有者的主观目的来说，毒品持有者的主观目的可能有两种：一种是卖给他人而获得经济利益（主观上具有害他性）；另一种是自己食用以满足自身需要（此时具有害己性）。而持有危险食品者明知自己所持有的食品是不安全的，遂不会再去消费。其唯一的目的就是通过销售谋取经济利益，主观上完全是害他性的。最后，危险食品对于人体的危害可能当时就被发现，也可能要到十几年甚至几十年之后才被发现，那时再查证或者追究行为人的法律责任几乎是不可能的。危险食品将对受害人造成肉体与精神的双重伤害。总之，持有危险食品的危害性比持有毒品者更甚。既然刑法能把持有毒品规定为犯罪，为什么对持有危险食品的行为不加以规制呢？

综上所述，笔者认为，增加非法持有危险食品罪有客观现实的需要，在理论上是可行的，而且有西方法治发达国家的理论和实践及立法范例作参考，增加此罪有充分的理由，并能起到严密法网的作用。设置该罪须注意以下问题：根据主客观相统一的定罪原则，持有的成立在行为人的主观方面必须是明知，即明知其持有的物品是不符合安全标准的食品、有毒有害的食品或非食品原料等法律限制或禁止流通物；客观上持有这些食品或食品原料，且货值金额在5万元以上。

总而言之，我们可以将非法持有、储存不安全食品罪作为兜底生产、销售不安全食品犯罪的客观现实需要。在理论上是可行的，现实中有西方法制发达国家的立法范例作参考，因此增加此罪有充分的理由。设置该罪时根据主客观相统一的定罪原则，行为人在主观方面必须明知其持有或储存的物品是不安全的食品或食品原料等法律限制或禁止流通物；客观上持有或储存这些食品或食品原料，且达到一定货值的。依词典的解释，“持有”是指掌管、保有，“储存”是指积蓄、存放，两者之间的不同在于，非法持有是指违反食品安全管理法律、法规的规定，擅自掌管、保有不安全食品的行为；非法储存是指明知是他人非法生产、销售的不安全食品而为其蓄积、存放的行为。非法持有、储存不安全食品罪应纳入刑法第二章危害公共安全罪的范畴。对该罪刑阶的设置参照刑法第348条非法持有毒品罪的量刑标准，对非法持有、储存不安全食品的货值金额在5万元以上的，处3年以下有期徒刑或者拘役，并处货值金额5倍以上10倍以下罚金。情节特别严重的（持有或储存的不安全食品的货值特别巨大的），处3年以上7年以下有期徒刑，并处货值金额5倍以上10倍以下罚金。

参考文献

一、著作

1. ［德］乌尔里希·贝克著:《风险社会》，何博闻译，译林出版社 2003 年版。

2. ［德］乌尔里希·贝克著:《世界风险社会》，吴英姿等译，南京大学出版社 2004 年版。

3. ［德］克劳斯·罗克辛著:《德国刑法学总论》（第 1 卷），王世洲译，法律出版社 2005 年版。

4. ［德］汉斯·海因里希·耶赛克、托马斯·魏根特著:《德国刑法教科书》，徐久生译，中国法制出版社 2001 年版。

5. ［德］冈特·施特拉腾韦特、洛塔尔·库伦著:《刑法总论》，杨萌译，法律出版社 2006 年版。

6. ［德］格吕恩特·雅科布斯著:《行为责任刑法》，冯军译，中国政法大学出版社 1997 年版。

7. ［日］伊东研祐著:《法益概念史的研究》，成文堂 1984 年版。

8. ［日］西原春夫著:《刑法总论改订版》（上卷），成文堂 1995 年版。

9. ［日］甲斐克则著:《责任原理与过失犯论》，成文堂 2005 年版。

10. ［日］松木洋一著:《食品安全经济学》，日本经济评论社 2007 年版。

11. ［日］清水俊雄主编:《食品安全的制度与科学》，同文书院 2006 年版。

12. [日] 木间清一编:《食品的安全性评价考量》, 光生馆 2006 年版。

13. [日] 平场安治等主编:《团滕重光博士古稀祝贺论文集》(第 2 卷), 有斐阁 1984 年版。

14. [日] 井田良著:《讲义刑法学总论》, 成文堂 2008 年版。

15. [日] 川端博著:《刑法总论讲义》, 成文堂 1995 年版。

16. [日] 井田良著:《刑法总论的理论构造》, 成文堂 2006 年版。

17. [日] 藤木英雄著:《公害犯罪与企业责任》, 弘文堂 1975 年版。

18. [日] 山中敬一著:《刑法中的客观归属论》, 成文堂 1997 年版。

19. [日] 山中敬一著:《刑法总论》, 成文堂 2008 年版。

20. [日] 大谷实著:《刑法讲义总论》, 黎宏译, 法律出版社 2005 年版。

21. [日] 大谷实著:《刑事政策学》, 黎宏译, 法律出版社 2000 年版。

22. [日] 西原春夫著:《刑法的根基与哲学》, 顾肖荣等译, 法律出版社 2004 年版。

23. [日] 大塚仁著:《犯罪论的基本问题》, 冯军译, 中国政法大学出版社 1993 年版。

24. [日] 大塚仁著:《刑法概说(各论)》, 冯军译, 中国人民大学出版社 2003 年版。

25. [日] 野村稔著:《刑法总论》, 全理其、何力译, 法律出版社 2001 年版。

26. [日] 藤木英雄著:《公害犯罪》, 丛选功等译, 中国政法大学出版社 1992 年版。

27. [意] 杜里奥 · 帕多瓦尼著:《意大利刑法学原理》, 陈忠林译，法律出版社 1998 年版。

28. ［韩］金尚均著：《危险社会与刑法》，成文堂 2001 年版。

29. ［美］丹尼尔 . F. 史普博著：《管制与市场》，余晖等译，上海三联书店、上海人民出版社 1999 年版。

30. ［美］道格拉斯 . N. 胡萨克著：《刑法哲学》，谢望原等译，中国人民公安大学出版社 2004 年版。

31. ［英］吉米·边沁著：《立法理论——刑法典原理》，李贵方译，中国人民公安大学出版社 1993 年版。

32. 马克昌主编：《犯罪通论》，武汉大学出版社 1999 年版。

33. 马克昌主编：《刑法学》，高等教育出版社 2007 年版。

34. 马克昌著：《比较刑法原理》，武汉大学出版社 2002 年版。

35. 马克昌著：《刑法理论探索》，法律出版社 1995 年版。

36. 高铭暄、马克昌主编：《刑法学》，北京大学出版社、高等教育出版社 2000 年版。

37. 高铭暄主编：《刑法学原理》（第 1 卷），中国人民大学出版社 1993 年版。

38. 王作富主编：《刑法分则实务研究》（第二版），中国方正出版社 2003 年版。

39. 储槐植著：《美国刑法》，北京大学出版社 2005 年版。

40. 赵秉志主编：《刑法争议问题研究》（上卷），河南人民出版社 1996 年版。

41. 赵秉志主编：《英美刑法学》，中国人民大学出版社 2004 年版。

42. 赵秉志等主编：《中国刑法的运用与完善》，法律出版社 1989 年版。

43. 赵秉志、王秀梅、杜澎著：《环境犯罪比较研究》，法律出版社 2004 年版。

44. 陈兴良著：《刑法的价值构造》，中国人民大学出版社

1998 年版。

45. 陈兴良著:《刑法哲学》，中国政法大学出版社 1997 年版。

46. 张明楷著:《法益初论》，中国政法大学出版社 2003 年版。

47. 张明楷著:《刑法学》(第二版)，法律出版社 2003 年版。

48. 张明楷著:《外国刑法纲要》(第 2 版)，清华大学出版社 2007 年版。

49. 张明楷著:《刑法学》，法律出版社 2007 年版。

50. 梁根林著:《刑事法网：扩张与限缩》，法律出版社 2005 年版。

51. 李光灿、张文、龚明礼著:《刑法因果关系论》，北京大学出版社 1986 年版。

52. 杨洁彬、王晶、王柏琴著:《食品安全性》，中国轻工业出版社 2002 年版。

53. 乔世明著:《环境损害与法律责任》，中国经济出版社 1999 年版。

54. 马英娟著:《政府监管机构研究》，北京大学出版社 2007 年版。

55. 王贵松著:《日本食品安全法研究》，中国民主法制出版社 2009 年版。

56. 邵继勇著:《食品安全与国际贸易》，化学工业出版社 2005 年版。

57. 浙江省标准化研究院编:《欧盟食品安全管理基本法及其研究》，中国标准出版社 2007 年版。

58. 秦富、王秀清、辛贤、肖海峰等著:《欧美食品安全体系研究》，中国农业出版社 2003 年版。

59. 信春鹰主编:《中华人民共和国食品安全法释义》，法律出版社 2009 年版。

60. 王伟主编：《食品安全与质量管理法律教程》，安徽大学出版社 2007 年版。

61. 陈锡文、邓楠主编：《中国食品安全战略研究》，化学工业出版社 2004 年版。

62. 张云华著：《食品安全保障机制研究》，中国水利水电出版社 2007 年版。

63. 城仲模著：《行政法之基础理论》，三民书局 1980 年版。

64. 陈新民著：《行政法学总论》，三民书局 1995 年版。

65. 洪福增著：《刑法理论之基础》，刑事法杂志社 1977 年版。

66. 熊选国主编：《生产、销售伪劣商品罪》，中国人民公安大学出版社 1999 年版。

67. 许玉秀著：《当代刑法思潮》，中国民主法制出版社 2005 年版。

68. 周道鸾著：《中国刑法分则适用新论》，人民法院出版社 1997 年版。

69. 李学灯著：《证据法比较研究》，台湾五南图书出版公司 1992 年版。

70. 王明星著：《刑法谦抑精神研究》，中国人民公安大学出版社 2005 年版。

71. 蔡彦敏、洪浩著：《正当程序法律分析——当代美国民事诉讼制度研究》，中国政法大学出版社 2000 年版。

72. 林海文：《刑法科学主义初论》，法律出版社 2006 年版。

73. 赵微著：《俄罗斯联邦刑法》，法律出版社 2003 年版。

74. 《最新意大利刑法典》，黄风译，法律出版社 2007 年版。

75. 刘生荣著：《犯罪构成原理》，法律出版社 1997 年版。

76. Bryan A Garner. Black's Law Dictionary . Minnesota: West Group Publishing Co, 1999.

77. The General Principles of Food Law in the European Union –

commission Green Paper COM (97).

78. Food quality and safety, a century of progress: proceedings of the symposium celebrating the centenary of the Sale of Food and Drugs Act 1875, London, October 1975, chairman Lord Zuckerman. London: HMSO, 1976.

二、论文

1. [德] 克劳斯·罗克辛著:《德国犯罪原理的发展与现代趋势》, 王世洲译, 载《刑事法学》2007 年第 7 期。

2. [德] Bernd Schünemann 著:《关于客观归责》, 陈志辉译, 载《刑事法杂志》第 42 卷第 6 期。

3. [德] 乌尔里希·贝克:《从工业社会到风险社会——关于人类生存、社会结构和生态启蒙等问题的思考》, 王武龙译, 载薛晓源、周战超主编:《全球化与风险社会》, 社会科学文献出版社 2005 年版。

4. [德] 克里斯托弗·胡德等:《风险社会中的规制国家: 对风险规制变化的考察》, 周战超译, 载薛晓源、周战超主编:《全球化与风险社会》, 社会科学文献出版社 2005 年版。

5. [德] 乌尔里希·贝克著:《风险社会再思考》, 郗卫东译, 载《马克思主义与现实》2002 年第 2 期。

6. [日] 伊东研祐:《现代社会中危险犯的新类型》, 郑军男译, 载何鹏、李洁主编:《21 世纪第四次 (总第十次) 中日刑事法学术讨论会论文集——危险犯与危险概念》, 吉林大学出版社 2006 年版。

7. [日] 德田博人:《关于食品安全法监管的强化——视点与课题》, 载《法律时报》第 80 卷第 13 号。

8. [日] 岩田伸人:《预防原则的概念与国际的议论》, 载梶井功编:《对食品安全基本法的讲座与论点》, 农林统计协会 2003 年版。

9. 马克昌：《刑法的机能新论》，载《人民检察》2009 年第 8 期。

10. 张明楷：《刑事立法的发展方向》，载《中国法学》2006 年第 4 期。

11. 张明楷：《危险驾驶的刑事责任》，载《吉林大学社会科学学报》2009 年第 6 期。

12. 张明楷：《论刑法的谦抑性》，载《法商研究》1995 年第 4 期。

13. 陈兴良：《刑法因果关系研究》，载《现代法学》1999 年第 5 期。

14. 劳东燕：《公共政策与风险社会的刑法》，载《中国社会科学》2007 年第 3 期。

15. 朱武献：《言论自由之宪法保障》，载朱武献：《公法专题研究（二）》，辅仁大学丛书编辑委员会 1992 年版。

16. 陈恩仪：《论行政法之公益原则》，载城仲模：《行政法之一般法律原则（二）》，三民书局 1999 年版。

17. 李圣杰：《因果关系的判断在刑法中的思考》，载《中原财经法学》2002 年第 8 期。

18. 刘守芬、汪明亮：《论环境刑法中疫学因果关系》，载《中外法学》2001 年第 1 期。

19. 田禾：《论中国刑事法中的食品安全犯罪及其制裁》，载《江海学刊》2009 年第 6 期。

20. 姜涛：《风险社会之下经济刑法的基本转型》，载《现代法学》2010 年第 4 期。

21. 黎宏、王龙：《论非犯罪化》，载《中南政法学院学报》1991 年第 2 期。

22. 林东茂：《危险犯的法律性质》，载《台大法学论丛》第 24 卷第 1 期。

23. 吴华山：《保安处分之探讨——以强制工作、感训处分为中心》，私立中国文化大学法律研究所1993年硕士论文。

24. 萨仁：《论优势证据证明标准》，载《法律适用》2002年第6期。

25. 龙宗智：《我国刑事诉讼证明标准》，载《法学研究》1996年第6期。

26. 曹晖：《民事诉讼中的举证责任倒置》，载《武汉大学学报》（哲学社会科学版）2009年第5期。

27. 毛乃纯：《论食品安全犯罪中的过失问题——以公害犯罪理论为根基》，载《中国人民公安大学学报》（社会科学版）2010年第4期。

28. 刘远、景年红：《卫生犯罪立法浅议》，载《法学》2004年第3期。

29. 刘长秋：《试论我国刑法中的食品犯罪》，载顾肖荣主编：《经济刑法》（3），上海人民出版社2005年版。

30. 姜涛：《风险社会之下经济刑法的基本转型》，载《现代法学》2010年第4期。

31. 张智辉：《论滥用职权罪的罪过形式》，载赵秉志主编：《刑法评论》（第1卷），法律出版社2002年版。

32. 郝艳兵：《风险社会下的刑法价值观念及其立法实践》，载《中国刑事法杂志》2009年第7期。

33. 赵书鸿：《风险社会的刑法保护》，载《人民检察》2008年第1期。

34. 王勇：《轻刑化：中国刑法发展之路》，载赵秉志主编：《中国刑法的运用与完善》，法律出版社1989年版。

35. 张芳：《中国现代食品安全监管法律制度的发展与完善》，载《政治与法律》2007年第5期。

36. 康恩臣：《欧盟食品安全法律体系评析》，载《政法论丛》2010年第2期。

37. 刘婧：《风险社会中政府管理的转型》，载《新视野》

2004 年第 3 期。

38. 周志荣、卢希起：《危险、风险的刑事抗制》，载《理论前沿》2006 年第 17 期。

39. 张小虎：《保安处分建构》，载《政治与法律》2008 年第 3 期。

40. 覃翠玲：《风险社会与大学生风险防范意识的培养》，载《教育与职业》2010 年第 9 期。

41. 李新生：《食品安全与中国安全食品的发展现状》，载《食品科学》2003 年第 8 期。

42. 史红斌：《苏丹红——有组织的不负责任》，载《当代经理人》2006 年第 9 期。

43. 陈君石：《食品安全的现状与形式》，载《预防医学文献信息》2003 年第 2 期。

44. 张守文：《当前我国围绕食品安全内涵及相关立法的研究热点》，载《食品科技》2005 年第 9 期。

45. 冒乃和、刘波：《中国和德国的食品安全法律体系比较研究》，载《农业经济问题》2003 年第 10 期。

46. 常燕亭：《主要发达国家食品安全法律规制研究》，载《内蒙古农业大学学报》（社会科学版）2009 年第 5 期。

47. 董幼鸿：《日本政府政策评价及其对建构我国政策评价制度的启示——兼析日本〈政策评价法〉》，载《理论与改革》2008 年第 2 期。

48. 彭荣飞：《风险与法律：食品安全责任的分配如何可能》，载《西南政法大学学报》2008 年第 2 期

49. 陈维春：《国际法上的风险预防原则》，载《现代法学》2007 年第 5 期。

50. 肖肖：《欧盟食品安全预警原则研究》，载《中国动物检疫》2004 年第 12 期。

51. 韩春花、李明权：《浅谈日本的食品安全风险分析体系及

其对我国的启示》，载《外国农业》2009 年第 6 期。

52. 薛庆根：《美国食品安全体系及对我国的启示》，载《经济纵横》2006 年第 2 期。

53. 曾祥华：《食品安全监管主体的模式转换与法治化》，载《西南政法大学学报》2009 年第 1 期。

54. 刘鹏：《中国食品安全监管——基于体制变迁与绩效评估的实际研究》，载《公共管理学报》2010 年第 2 期。

55. 杨雪冬：《全球化、风险社会与复合治理》，载《马克思主义与现实》2004 年第 4 期。

56. 齐鲁焰：《又是食品安全问题 食品免检当终结》，载《中国经济导报》2005 年 6 月 18 日。

57. 陈伟红：《我国食品卫生安全监督管理体制的现状及对策》，载《卫生经济研究》2005 年第 2 期。

58. 杨辉：《我国食品安全法律体系的现状与完善》，载《农场经济管理》2006 年第 1 期。

59. 王国丰：《论食品安全与经济发展》，载《粮食与饲料工业》2007 年第 6 期。

60. 徐楠轩：《欧美食品安全监管模式的现状及借鉴》，载《法制与社会》2007 年第 3 期。

61. 李怀：《发达国家食品安全监管体制及其对我国的启示》，载《东北财经大学学报》2005 年第 1 期。

62. 陈东星：《欧盟食品安全法及其监控体系——兼评我国对欧盟食品出口的借鉴》，载《新疆社会科学》2003 年第 1 期。

63. 林志诚、张征：《刑法中比例原则的概念及定位》，载《法制与社会》2010 年第 2 期。

64. 张志伟：《比例原则与立法形成余地》，载《国立中正大学法学集刊》1997 年 4 月 23 日。

65. 刘爱成：《美国食品安全法的历史》，http：//www. foods. com/content/641779/。

66. Elke Anklam and Reto Battaglia, "Food analysis and consumer protection", Treads in Food Science and Technology 12 (2001).

67. John Burnett, "The History of Food Adulteration in Great Britain in the Nineteenth Century, with Special Reference to Bread, Tea and Beer", Historical Research, Volume 32, Issue 85, May 1959.

68. Milor. Maltbie, "The English Local Government Board", Political Science Quarterly, Vol. 13, No. 2. (Jun. ,1898).

69. Jim Phillips and Michael French, "Adulteration and food law, 1899 – 1939", 20 Century British History, Vol. 9, No. 3, 1998.

70. Michael French and Jim Phillips, "Food safety regimes in Scotland, 1899 – 1914", Scottish Economic&Social History, 2002, Vol. 22 Issue 2.

66. Ella Aickermann and Lundbeck, "Food quality systems and consumer protection", Trends in Food Science and Technology, 12 (2001).